LES GRANDS TRAVAUX

DE LA

VILLE DE PARIS

ET

LES BONS DE DÉLÉGATION

PAR

E. BARONNET.

PARIS

E. DENTU, LIBRAIRE-ÉDITEUR

PALAIS-ROYAL, 17 ET 19, GALERIE D'ORLÉANS

—

1867

LES GRANDS TRAVAUX

DE LA

VILLE DE PARIS

ET

LES BONS DE DÉLÉGATION

PAR

E. BARONNET.

Clichy. — Impr. Maurice Loignon.

SYSTÈME

DES

BONS DE DÉLÉGATION

POUR ASSURER L'EXÉCUTION PROMPTE ET RAPIDE
DES GRANDS TRAVAUX DE PARIS ET DES PRINCIPALES VILLES
DE FRANCE

MÉMOIRE

PRÉSENTÉ A M. LE BARON HAUSSMANN, SÉNATEUR, PRÉFET DE LA SEINE,
LE 15 JANVIER 1863

PAR

E. BARONNET

PARIS

E. DENTU, LIBRAIRE-ÉDITEUR

PALAIS-ROYAL, 17 ET 19, GALERIE D'ORLÉANS

—

1867.

SYSTÈME

DES BONS DE DÉLÉGATION.

SOMMAIRE.

I

Avant-propos.

La reconstruction de la ville de Paris est peut-être, de tous les faits accomplis depuis 1848, celui qui laissera le meilleur souvenir dans l'histoire de notre époque.

Autant on est surpris de l'immense abatis de maisons qui s'est opéré en quelques années, autant on est frappé d'admiration devant la splendeur des quartiers nouveaux, malgré le retour qu'on est forcé de faire sur soi-même en remarquant tout ce que ces constructions nouvelles laissent encore à désirer.

En présence des vastes et nombreux boulevards qui sillonnent la ville en tous sens; en voyant ces longues et larges rues qui mettent en communication les points les plus extrêmes de la capitale, on est forcé de convenir que l'air et la lumière en pénétrant partout font circuler l'aisance et la santé là où la population languissait naguère dans les conditions les plus déplorables d'hygiène, on se félicite de cette heureuse transformation, on se sent moins porté à critiquer les détails d'exécution devant l'ensemble imposant du progrès accompli.

Il ne faut pas se le dissimuler, cependant : si l'on doit rendre justice à la pensée qui a décidé les premières trouées à faire dans cette masse de rues étroites, de ruelles malsaines et de masures honteuses qui constituaient l'ancien Paris, on peut regretter que, tout en attaquant hardiment et résolûment l'œuvre des démolitions, l'édilité parisienne n'ait pas accordé plus d'attention à la contre-partie de ce gigantesque travail, et qu'elle n'ait pas de prime abord conçu et adopté un plan général et raisonné de reconstruction.

Par un scrupule honorable mais fâcheux, on a peut-être porté trop loin le respect dû à l'intégrité de la propriété. On a reculé devant l'idée d'imposer certaines obligations aux propriétaires des terrains et aux constructeurs de maisons; on s'est contenté de faire appel à l'intérêt privé, et de là, absence complète de plan.

Malheureusement, l'intérêt privé a l'intelligence un peu rebelle et l'entendement un peu dur quand on lui parle de s'effacer un instant devant l'intérêt général.

Devait-on espérer que la spéculation individuelle respecterait l'hygiène générale et s'accommoderait de l'économie publique? — Avec le morcellement infini de la propriété, l'architecture elle-même ne devait-elle pas être livrée presque entièrement au hasard.

Le respect exagéré de la propriété a voulu qu'on abandonnât le sort des futures constructions à la discrétion complète de l'intérêt personnel des propriétaires et la Ville s'est contentée d'exproprier les maisons sises sur l'emplacement que devaient occuper les rues nouvelles, plus une profondeur de dix, quinze ou vingt mètres de chaque côté, puis elle revendit les terrains destinés aux rues projetées, laissant aux particuliers le soin de construire à leur guise et comme ils l'entendraient. Aussi qu'est-il résulté de cette condescendance outrée de l'administration ?

On a bâti presque partout de vastes maisons ayant de belles façades et composées presque uniquement de grands et riches appartements d'un prix si élevé que, ni ouvriers, ni employés, ni petits rentiers même ne peuvent trouver à s'y loger. — On n'a pas compris que cette hausse des prix de loyer devait pousser à l'élévation du prix de toutes choses, et qu'un moment viendrait où ce surenchérissement général offrirait plus d'un danger. On dira que la destruction des petits logements eût été plus radicale, si la zone des expropriations eût été plus étendue ; notre observation ne porte pas sur l'ampleur des démolitions, mais bien sur l'absence de précautions en vue des reconstructions.

On parviendra sans doute à conjurer ces menaces, nous pourrions même indiquer certains moyens qui nous paraissent devoir être efficaces, mais ce n'est pas ici le lieu de traiter ce sujet.

Ce travail n'a pas pour but de proposer un système de construction pour l'avenir, mais seulement de faire connaître comment on a pu commencer d'abord les premiers grands travaux de démolition, puis comment il nous a été permis de venir en aide à l'édilité parisienne dans l'accomplissement de cette première partie de sa tâche en lui présentant notre système de *Bons de délégation*, système aux magnifiques résultats, qui se trouve lui-même menacé par de mesquines tracasseries, mais qui triomphera, nous en sommes certain, de toutes les objections qu'on essaye bien tardivement de lui susciter aujourd'hui.

II

Historique.

Lorsque M. le Préfet de la Seine entreprit les premiers travaux
de démolition sur les immeubles qui occupaient alors le terrain où
s'élève la rue de Rivoli, les finances de la Ville étaient en bon état ;
le budget municipal s'élevait à un chiffre de plus de cinquante millions de recette présentant chaque année un notable excédant sur
les dépenses.

On pouvait donc se permettre une assez grande liberté d'action.
— D'un autre côté, les affaires étaient ternes et languissantes, quelques nuages politiques obscurcissaient l'horizon et la situation matérielle de la cité était d'un aspect déplorable. — La terrible épi-
démie de 1832-33 avait déposé son funeste germe au sein des vieux
quartiers, d'où il jetait de temps à autres de funèbres lueurs. — Les
recrudescences du fléau en 1849 et 1850 qu'on pouvait considérer
comme autant de menaces et d'avertissements, indiquaient assez
qu'il fallait surveiller avec soin la marche et l'entretien de la santé
publique. — La capitale avait besoin d'être assainie ; l'activité des
habitants réclamait un stimulant ; la masse des désœuvrés grossis-
sait chaque jour. — Il fallait donc aviser.

Or, on savait qu'en alimentant l'industrie du bâtiment on ravi-
vrait toutes les branches du commerce de détail, car ce dicton
populaire était depuis longtemps admis : Quand le bâtiment va,
tout va. — C'était donc obéir à une grande et utile pensée

que de songer à ouvrir dans Paris de vastes artères, qui, tout en répandant la lumière et la vie dans des quartiers obstrués et malsains, permettraient d'occuper une multitude de bras, de satisfaire une masse de besoins et de rendre en même temps l'action gouvernementale plus sûre au moyen d'un réseau de rues stratégiques dont on disait avoir compris l'importance.

Telle est, certainement, la pensée multiple qui donna naissance aux premières démolitions exécutées en 1850; telle fut l'origine des grands travaux de Paris. Car, à cette époque, on ne songeait pas encore à la régénération complète du vieux Paris, et l'idée de construire une ville nouvelle, sur l'emplacement et avec les débris de la vieille capitale, aurait sans aucun doute effrayé tous les esprits et fait reculer les hommes les plus entreprenants.

On n'avait qu'une ambition, ouvrir une rue monumentale au milieu du pâté le plus obscur et le plus malsain des voies enchevêtrées qui enserraient l'Hôtel-de-Ville de leurs mailles impures; faire que cette rue, en assainissant la ville, pût servir de voie stratégique et placer la population remuante du faubourg Saint-Antoine sous l'œil de l'Hôtel-de-Ville et sous la main des Tuileries: asseoir ainsi la salubrité publique et la force gouvernementale au sein de la partie la plus confuse et la plus ombrageuse de la cité.

Mais, à peine eût-on mis la main à la pioche, à peine le marteau du démolisseur eût-il commencé sa tâche, que la question d'argent, dont on ne s'était pas assez sérieusement inquiété, commença à révéler ses exigences.

Pour ouvrir une voie d'environ trois kilomètres de longueur sur vingt-deux mètres de large, il fallut procéder à une multitude d'expropriations particulières, et aucune de ces expropriations prononcées ne pouvait avoir, même un commencement d'exécution, sans qu'au préalable l'exproprié n'eût reçu une indemnité pécuniaire comprenant la valeur de son immeuble et la compensation de la perte probable occasionnée par le déplacement, surtout s'il possédait une clientèle industrielle ou commerciale.

Les ressources disponibles de la Ville se trouvèrent donc promptement insuffisantes et, en présence de la nécessité où l'on était placé d'achever des travaux commencés et de poursuivre une œuvre d'utilité publique dont on entrevoyait déjà les immenses conséquences, on fut pour ainsi dire forcément conduit à entrer dans la voie dangereuse des emprunts municipaux.

C'est en vain que l'État vint lui-même au secours de la caisse municipale au moyen de subventions. Il lui eût été impossible de combler les vides opérés dans la caisse de la Ville par la truelle de ses maçons.

On ne pouvait cependant arrêter le mouvement de démolition, on devait au contraire le développer et l'accélérer, car on reconnaissait tous les jours que la population augmentait avec une telle rapidité que cette immense rue de Rivoli sur laquelle on avait tant compté pour faciliter la circulation générale, n'était pas encore entièrement reconstruite, que déjà elle était obstruée par le trop plein d'une population qui semblait sortir de dessous terre.

C'est, qu'en effet, outre l'augmentation causée par les travaux eux-mêmes, puisqu'ils attiraient de la province à Paris une foule d'ouvriers de tous corps d'état et de petits industriels de tous genres, on se voyait à la veille d'être débordé par un envahissement bien autrement considérable et qu'on aurait pu facilement prévoir.

A mesure que se complétaient nos réseaux de chemins de fer et que nos grandes lignes se reliaient, d'un côté avec Paris, et de l'autre avec les grandes voies ferrées de l'étranger, Paris était insensiblement devenu la grande tête de ligne européenne. La capitale de la France ne fut plus qu'un point général de transit, la station naturelle de tout voyageur se rendant outre mer; et pendant que son peuplement fixe acquérait un énorme développement, sa population flottante prenait les proportions les plus inouïes.

Pouvait-on songer à ralentir ou suspendre les travaux commencés? Évidemment non; on sentait au contraire la nécessité de les rattacher à un plan général, qui embrasserait tout à la fois la reconstruction totale du vieux Paris, l'édification des quartiers neufs destinés à combler le vide existant entre l'ancienne ville et le Paris annexé, et, enfin, à mettre les huit nouveaux arrondissements sur le même pied que les douze autres, sous le rapport hygiénique, architectonique et monumental. La population déshéritée du sol aurait été reconnaissante, si l'on eût profité de cette circonstance pour élever dans la banlieue des logements à bon marché destinés aux

familles d'ouvriers, en faisant application du système d'amortissement de la propriété par la capitalisation des loyers.

Mais, que d'argent fallait-il pour pousser un pareil plan jusqu'à
sa complète réalisation ? Des esprits timides et peu résolus se seraient sans doute effrayés de la perspective ; mais l'administration
municipale avait à sa tête un homme aussi habile qu'entreprenant,
trop entreprenant peut-être, car son zèle fut plus d'une fois tempéré
par les autorités supérieures.

Le conseil d'État n'a pas toujours approuvé ses idées, et le Corps-
Législatif lui-même a senti la nécessité de modérer son ardeur. Aussi
les emprunts se succédant avec une trop grande rapidité, on s'est
montré plus difficile pour voter les autorisations spéciales qui sont
nécessaires, aux termes de la loi, pour qu'une commune, possédant
un revenu de plus de 100,000 francs, puisse contracter un emprunt.

On a vu, notamment en 1863, la discussion devenir très-sérieuse
au sein du Corps Législatif, à l'occasion de la demande de M. le Préfet
de la Seine, voulant contracter un emprunt de 300 millions au nom
de la ville de Paris, et cette autorisation n'a-t-elle été obtenue qu'à
la condition spéciale que 200 millions de cet emprunt seraient con-
sacrés aux travaux à exécuter dans les arrondissements annexés.

Telles n'étaient pas, cependant, les prévisions de l'administration
municipale. Cette clause impérative dérangeait tous ses calculs. Il
fallut, néanmoins, en passer par là, car, autrement, que serait il
advenu ? Dans quel état se serait trouvée la voirie partout entamée et partout inachevée ? Qu'aurait-on fait de ces deux ou trois
cent mille ouvriers que Paris seul fait vivre et qui, à leur tour,
font vivre une si grande quantité de petits industriels, de marchands
et même de propriétaires ?

On le comprit, et le vote de la chambre fut favorable à l'emprunt,
mais la restriction introduite par ce vote suffit à démontrer combien
ces emprunts, que le Corps-Législatif autorisait ainsi, presque à
contre-cœur, lui paraissaient dangereux. Pour être juste, il faut dire
ici que tout le monde ne partage pas notre opinion sur les vues de
M. le Préfet : on assure qu'il n'est nullement favorable aux emprunts et, que le Ministre des finances a exercé une grande influence
à cet égard. En 1865, notamment, M. le Préfet demandait des faci-

lités de trésoreries qui lui auraient permis de répartir ses dépenses sur 8 ou 10 années, et de faire face à tout avec les revenus de la Ville ; mais M. Fould ayant fait repousser cette proposition, on résolut alors de demander 350 millions à l'emprunt. Mais la législature ne prit qu'une demi-mesure en votant 250 millions nets avec la restriction relative aux travaux de banlieue.

Et, en effet : l'emprunt procure l'argent qui est le nerf de toute entreprise ; mais tout emprunt, aussi, est plus ou moins ruineux, et la masse des prêteurs, qui est plus souvent intéressée que patriote, fait généralement payer assez cher le loyer de l'argent qu'elle prête, même dans un but d'utilité publique. L'expérience est là pour le démontrer.

Tout le monde sait que, malgré l'incontestable réputation de solvabilité dont jouit la Ville, ses obligations ne trouvent jamais à se placer au pair ; que, de plus, et pour mieux assurer leur écoulement, on attache une prime importante à celles de ces obligations que favorise le sort, au moment du tirage d'amortissement. Eh bien, le compte des frais qui sont à la charge de la Ville, quand elle émet un emprunt, se résume, pour ceux de 1855, 1857 et 1860, en une perte sèche de 67,587,736 francs, ce qui fait qu'il n'est entré dans la caisse municipale que 208,524,714 francs, au lieu de 276 millions 112,450 francs, chiffre réel des trois emprunts réunis.

On a calculé que la perte serait bien plus considérable encore sur l'emprunt de 1865, qui ne fera rentrer que 267 millions environ dans les coffres de la ville, bien que l'émission soit de 300 millions. Cette perte, comme les précédentes, tient tout à la fois et au chiffre d'émission des obligations qui est de 450 francs remboursables à 500 francs, et aux nombreux tirages avec primes qui se répéteront pendant une période de soixante années. Ils sont de 1,140,080 francs par an, ce qui fait une perte de 68 millions 400,000 francs.

Telle est l'appréciation générale : mais on verra plus loin que la retenue de 1 p. 0/0 faite sur les obligations procure une économie qui permet d'amortir, dans une certaine proportion, les primes et les lots affectés aux emprunts.

L'emprunt de 1865 lui-même, en résumé, se traduirait-il par un intérêt de 5,35 p. 0/0, amortissement et lots compris ? Nous en doutons et c'est ce que nous examinerons plus loin.

III

Les Bons de délégation.

Cependant, la situation était grave : il fallait arrêter les travaux ou contracter de nouveaux emprunts; l'alternative était inévitable.

Ce fut vers la fin de 1862, alors qu'on en pressentait déjà l'urgence qu'en réfléchissant sur la gravité de cette situation, et sur la nécessité d'y apporter remède, puisque l'intérêt du peuple était l'enjeu exposé, que nous vint l'idée des Bons de délégation.

Les ressources de la Ville sont immenses et d'une supputation très-facile. Bien administré, son revenu couvre toutes ses dépenses et laisse chaque année un reliquat important, puisque le budget des recettes grandit d'année en année de 5 millions de francs. Le mouvement ascensionnel de la population, c'est-à-dire des consommateurs, ne fait que s'accroître. Les chemins de fer font affluer à Paris tous les produits, c'est-à-dire tous les objets de consommation, de vingt, trente et même cent lieues à la ronde. Plus la population consomme, plus elle produit et plus la Ville fait de bénéfices, puisque rien n'y entre sans apporter quelque nouvelle ressource à la caisse municipale.

Le mouvement de la population des provinces sur Paris est, pour beaucoup, le résultat de la situation faite aux villes que traversent les chemins de fer.

La rapidité du voyage et la diminution des prix de transport, comparés à ce qu'ils étaient il y a trente ans, ont déterminé la plupart des habitants aisés des villes de province, à venir acheter à Paris ce qu'ils avaient coutume d'acquérir auparavant dans leurs propres localités.

Le tailleur, le bottier, le chapelier, les modistes, les marchands de nouveautés, etc., etc., ont vu leur clientèle passer entre les mains des marchands de Paris. Qu'en est-il résulté ? La plupart de ces petits marchands sont partis eux-mêmes pour la grande ville, croyant y trouver un travail abondant et largement rétribué.

Les villes de province ont été dépeuplées par les chemins de fer, qui n'y laissent que de rares voyageurs. Il ne s'y fait plus de commerce et l'herbe pousse entre les pavés des rues désertes.

D'autres, regardant Paris comme une nouvelle Californie, ont réuni leurs petites épargnes, réalisé la vente de leur propriété et sont venus tenter fortune dans la grande ville.

Quelques-uns ont réussi ; ils restent à Paris. Les autres se sont ruinés, ils y restent quand même. Comment retourner au pays pour subir le blâme de leurs proches, et servir de risée à leurs anciens amis? L'amour-propre les retient à Paris. Telle est, n'en doutons pas, une des causes de cette subite augmentation de la population parisienne.

En somme, cette population s'est accrue depuis seize ans, de plus de sept cent mille âmes!

Est-il donc étonnant de voir que les recettes de la Ville se soient rapidement élevées de 55 à 140 millions de francs par an? Or, ce mouvement ascensionnel n'est pas arrivé à son terme ; avant dix ans, la ville de Paris fera une recette annuelle de 200 millions....

Il convient cependant d'ajouter, que si les villes de province ont vu le travail se déplacer ainsi, les campagnes, au contraire, ont généralement gagné par les facilités d'écoulement que les chemins de fer ont procurées à tous les produits locaux.

Paris est un gouffre immense qui attire tout à lui, soit pour sa propre consommation, soit pour alimenter le vaste commerce de réexportation qu'il accomplit.

Ce déplacement de la richesse publique mériterait d'être sérieusement étudié et longuement apprécié ; mais ce n'est pas ici le lieu de traiter un pareil sujet, et le cadre de cet opuscule ne nous permet pas même de l'effleurer.

Ceci doit suffire pour faire bien comprendre qu'il n'y a pas lieu à suspecter la puissance de la solvabilité de la ville de Paris. Son papier est le papier le plus solide de l'Europe.

Si la Ville n'a pas, à heure dite, dans sa caisse, tout l'argent nécessaire à payer l'achat des terrains, des maisons et le montant des indemnités locatives, en lui donnant du temps pour payer, elle peut venir à bout d'accomplir ses travaux d'assainissement avec toute sécurité. Elle devait donc naturellement venir en aide à celui qui lui fournirait le moyen de sortir ainsi des embarras qui la préoccupaient à si juste titre.

Eh bien, nous dîmes-nous à nous-même, faisons-nous son entrepreneur : que la Ville nous accorde une subvention proportionnée à l'importance des travaux à exécuter, et, pour qu'elle soit assurée de l'exécution complète de ses travaux, nous verserons *en dépôt*, dans sa caisse, le montant des estimations de toutes les charges de l'expropriation, propriétés et indemnités locatives. Nous ne lui demanderons en échange que sa garantie pour les traites que nous serons obligé de remettre à nos bailleurs de fonds. En échelonnant ces traites par fractions, payables par annuités, nous lui donnerons tout le temps dont elle a besoin pour nous payer avec ses propres revenus, sans engager l'avenir lointain, c'est-à-dire sans contracter d'emprunts onéreux, et comme elle n'acquittera nos traites qu'après que nous aurons nous-même réglé les expropriés, les travaux de démolition, et construit la voie, les deux intérêts divergents seront conciliés et la transformation successive, mais rapide, de la ville de Paris, sera désormais assurée sans qu'on ait besoin d'avoir recours à l'emprunt.

La Ville nous accordant une subvention de 20 millions, par exemple, pour l'ouverture d'une voie nouvelle, nous payera le montant de cette subvention au moyen de délégations que nous ferons sur elle, de manière à ne pas dépasser le montant de quelques années de son revenu. La Ville ne créera donc pas les *Bons de délégation*, elle les contrôlera et les payera. En cela, elle fera acte de bonne administration dont nul n'aura à se plaindre. Et nous, qui aurons la liberté de disposer de ces titres à notre aise nous en ferons *délégation* en faveur du banquier qui nous aura fourni les fonds que nous *déposerons* entre les mains de la Ville, comme garantie de l'exécution de notre entreprise ; ces fonds ne sortiront de la Caisse municipale que pour solder nos travaux accomplis, et sur le visa même de l'administration.

IV

Mémoire au Préfet de la Seine.

Fort de la justesse et de la bonté de cette combinaison, nous nous mîmes incontinent à l'œuvre : voici la copie textuelle du Mémoire que nous fîmes parvenir à ce sujet, le 15 janvier 1863, entre les mains de M. le Préfet de la Seine.

On nous dit que, pour libérer les ponts en 1849, et pour racheter le canal Saint-Martin en 1860, l'administration, n'ayant pas les fonds nécessaires, a fait aux compagnies une cession de *rentes temporaires* à servir pendant un certain nombre d'années sur le revenu de la Ville ; et que, les compagnies, à leur tour, divisant les titres de ces rentes *par coupures,* ont pu en faire délégation en faveur de leurs actionnaires pour les rembourser.

Cette opération a de l'analogie avec notre système de *Bons de délégation.* Cependant, *amortir* un capital au moyen d'une cession de rentes, ou *créer* un nouveau capital disponible qu'on ne saurait trouver, est-ce bien une seule et même chose ?

Si M. Berger a pu faire une *cession de rentes* en 1849 pour racheter le péage des ponts, c'est bien au système des *Bons de délégation* que M. Haussmann doit aujourd'hui la possibilité de continuer les grands travaux de Paris.

Or, ce système n'a jamais été appliqué aux travaux de démolition avant la présentation de notre Mémoire en 1863, et le nom même de *Bon de délégation* date de cette époque. Pourquoi M. Haussmann a-t-il permis que l'application de cette idée ait été indiquée par un autre que lui qui avait les documents sous les yeux ?

2

On verra plus loin par quelles péripéties il nous fallut passer pour arriver à nous faire entendre, comment nous fûmes récompensé du service que nous croyons avoir rendu, comment, enfin, on nous appliqua le *sic vos non vobis*. Nous dirons ensuite quelle est notre opinion sur les objections qu'on a depuis élevées contre ce système, qu'on s'est vainement efforcé de faire considérer, par les grands corps de l'État, comme un moyen détourné d'engager l'avenir de la Ville par des emprunts déguisés.

D'abord, qu'on veuille bien lire notre Mémoire à M. le Préfet, il est daté du 10 décembre 1862. — Le voici textuellement.

« *A Monsieur le Sénateur, Préfet du département.*
de la Seine,

« MONSIEUR LE PRÉFET,

« L'exécution de la haute pensée qui a présidé à la création des « nouvelles splendeurs de Paris, a rendu de grands services aux « travailleurs, aux industriels et aux propriétaires.

« Nous sommes du grand nombre de ceux qui sont fiers de ces « embellissements, parce qu'ils augmentent la fortune publique et « le bien-être de la population.

« Nous laissons les gens à courte vue prétendre que Paris se « ruine par de telles dépenses, nous disons, nous, que plus une « ville dépense en travaux utiles et en embellissements, plus elle « s'enrichit.

« Nous sommes heureux de voir les grands corps de l'État ap-« plaudir à vos efforts, et acclamer les merveilles que vous créez « tous les ans.

« Cependant, lorsqu'il s'agit de réunir des capitaux pour la « construction des grands travaux de la capitale, même les plus « utiles, le mot *emprunt* sonne mal aux oreilles du Corps-Lé-« gislatif.

« La loi de 1860, qui a autorisé l'emprunt de cent quatre-vingt mil-« lions, pourra-t-elle être renouvelée sans soulever d'intempestives « objections ? Et, cependant, il faut achever votre œuvre de trans-« formation.

« Il s'agit donc de trouver une combinaison financière qui per-

« mette de compléter en très-peu d'années les grands travaux de
« Paris, sans qu'il soit besoin de recourir aux emprunts.

« C'est cette combinaison que nous venons vous offrir, persuadé
« que nous présentons une chose utile, pratique et surtout écono-
« mique pour les intérêts de la Ville.

Combinaison.

« Il faut être concis et court pour ne pas abuser de vos moments,
« et afin de mieux faire apprécier notre pensée, nous citerons un
« exemple que nous sommes prêt à réaliser pour peu que vous
« trouviez notre proposition opportune et qu'elle réponde à vos
« désirs.

« Dans un extrait de cette note qui nous a été demandé pour
« vous, *Monsieur le Préfet,* et qui vous a été remis il y a peu de
« jours, par M. le marquis de La Rochejaquelein, nous précisions
« certains détails sur la concession de plusieurs rues.

Exemple.

« Pour les construire et en faire la livraison à la Ville, nous de-
« mandions une subvention de *cent millions de francs.*

« Cette somme de cent millions pouvait paraître difficile à solder à
« bref délai.

« C'est ici, Monsieur le Préfet, que nous vous prions de nous
« prêter toute votre attention.

« Cette subvention, au lieu d'être exigible dans un ou deux ans,
« ne le sera qu'en huit annuités.

« En signant cette concession, nous verserons à la Caisse des
« travaux de la Ville, au Trésor, ou à la Banque de France, à votre
« choix, pareille somme de cent millions, sauf la retenue mention-
« née ci-après, nécessaire à solder la prime due aux capitalistes et
« les frais généraux de l'opération.

« Mais, cette différence est au compte du concessionnaire, à ses
« frais, risques et périls.

« Votre mission, Monsieur le Préfet, consiste à assurer la livrai-
« son de la voie concédée ; il ne faut pas que vous ayez à redouter
« ni à soupçonner aucuns mécomptes relativement à la solvabilité
« du concessionnaire.

« Vous avez un moyen certain de dissiper toute inquiétude à ce sujet :
« C'est de faire verser le montant de la subvention entre vos
« mains, de façon que le concessionnaire ne puisse y toucher sans
« votre permission.

« Dès que vous serez nanti de cette somme, vous serez sûr que
« les expropriations immobilières et locatives seront payées exac-
« tement et que les voies seront livrées dans les délais fixés par le
« cahier des charges.

Bons de la Ville.

« Mais, en versant cette somme, le concessionnaire ou son dé-
« légué recevra de vous, en échange, des mandats de payement
« s'élevant à cent millions de francs.

« Ces mandats, sauf votre décision, s'appelleront *Mandats de
« subvention, Mandats de dépôt, Bons de délégation, Traites, etc.*

« Ils seront par coupures de 5,000 francs, payables à des époques
« choisies par vous, et portant intérêt à cinq pour cent, l'an, paya-
« bles par semestre et au porteur.

« Le concessionnaire prendra à son compte les primes, escomptes
« et frais que le placement de ces Bons nécessitera, il les prendra
« au pair et en versera le montant entre vos mains.

« Dès lors, la Ville n'aura plus d'emprunts à faire ; elle n'aura
« plus à émettre des obligations ou des bons au-dessous du pair ;
« par conséquent, plus de tirages au sort, plus de primes coûteuses,
« plus de frais de publicité !

« L'administration municipale n'aura plus à se préoccuper que
« de ses échéances dont la première n'arrivera que dans deux ans,
« le 1er juillet 1866.

Droits d'octroi.
Amortissement.

« D'ici là, la Ville aura perçu les droits d'entrée sur les matériaux
« de constructions de toute nature, nécessaires à l'exécution des tra-
« vaux : pierres, bois, fers, briques, plâtre, chaux, sables, fontes,
« tôles, marbres, verres, glaces, tuiles, ardoises, plombs, zings, etc.
« Elle pourra consacrer le montant de ces recettes nouvelles à
« l'amortissement même de ses mandats, de manière à assurer le
« payement intégral de la subvention sans emprunts, sans inquié-
« tude et sans précipitation.

« En agissant ainsi, la Ville ne contracte pas un emprunt, per-
« sonne n'oserait le prétendre ; elle opère le payement d'une dette,
« payement à longues échéances et par anticipation, il est vrai, mais
« qui ne compromet aucunement ses intérêts et offre l'avantage de
« faciliter considérablement l'opération. — Ce payement procure à
« la Ville d'importantes économies : frais d'émission d'obligations
« au-dessous du pair, primes et lots onéreux, frais de tirages au

« sort, etc. La Ville reçoit et n'emprunte pas, car c'est le conces-
« sionnaire qui opère à ses risques et périls, c'est lui qui escompte
« à ses frais les Bons de la Ville et qui en paye la prime.

« La Ville obtient des termes pour rembourser le cautionnement
« au concessionnaire, au lieu d'avoir à payer en un an ou deux, l'ac-
« quisition des terrains et le montant des indemnités locatives, car
« il ne faut pas plus d'un an ou deux pour livrer ces voies ; elle
« profite donc d'une moyenne d'environ six ans pour effectuer ses
« payements.

« Nous n'apprendrions rien de plus à Monsieur le Préfet, si nous
« insistions à cet égard, il en sait plus long que nous sur ce cha-
« pitre.

« La somme déposée à la Caisse de la Ville, qui est la représen-
« tation de cent millions de mandats de subvention sera portée
« *au crédit du concessionnaire*, puisqu'elle est sa propriété, mais
« il ne pourra en disposer que pour le payement des expropriations,
« après les formalités de purge d'hypothèques et autres, conformé-
« ment au cahier des charges et sur le visa de Monsieur le Préfet,
« gardien attentif des intérêts de la Ville.

Payement des expropriations.

« Tout d'abord, la Ville se couvrira, sur cette somme déposée par
« le concessionnaire, du prix des immeubles qu'elle aura déjà dé-
« boursé pour les acquisitions faites par elle sur le parcours des
« voies.

« De plus, il sera facile d'augmenter ce prélèvement à faire
« par la Ville, beaucoup de propriétaires n'étant pas désireux de
« recevoir tout d'un coup le prix des immeubles vendus, et préférant
« donner du temps à la Ville pour effectuer ses payements par
« fractions.

« Sans doute le prix de la subvention ne suffira pas pour payer
« tous les immeubles et toutes les indemnités locatives, mais il
« restera au concessionnaire le prix des terrains de bordure qui
« viendra combler la différence et au delà.

Garantie par les terrains de bordure.

« La sécurité à cet égard paraîtra complète à Monsieur le Préfet,
« nous n'en doutons pas.

« Le concessionnaire prélèvera sur les 100 millions de mandats
« de la Ville, une somme de 10 millions, toujours en mandats ; il n'au-
« rait donc eu à verser que 90 millions à la Caisse de la Ville.

Retenue de la prime d'escompte des Bons.

« Ces 10 millions sont pour le compte du concessionnaire et à
« ses frais ; la Ville ne peut délivrer que pour 100 millions de man-
« dats, sans frais ni perte pour elle ; elle reçoit quittance de
« 100 millions [1].

« Ces 10 millions n'entreront pas à la caisse du concessionnaire, ils
sont donnés au capitaliste qui verse les 90 millions à la Ville.

« Monsieur le Préfet sait bien qu'un capitaliste ne verse pas une
« aussi grosse somme sans frais et sans exiger, comme compensa-
« tion, une remise ou prime, en sus des intérêts ordinaires de 5 0/0
« payés par les Bons de la Ville.

« Ces 10 millions sont donc destinés à assurer le succès de l'opé-
« ration. — Tout est loyal dans notre combinaison financière, tout
« peut être publié et mis au grand jour sans appréhension de criti-
« ques.

« La Ville facilite l'entreprise, mais sans risques aucuns pour
« elle, si elle ne reçoit en dépôt que 90 millions, en livrant pour
« 100 millions de mandats, elle sait quel est l'emploi des dix mil-
« lions retenus ; ce n'est pas la Ville qui perd ces dix millions, c'est
« le concessionnaire.

« Les rôles sont renversés : quand la Ville fait ses emprunts,
« c'est elle qui perd ces dix millions, en émettant par exemple ses
« obligations de 500 francs à 450 francs.

« De cette façon bien simple la situation devient excellente pour
« tout le monde.

« Pour la Ville d'abord, en ce sens, qu'avant de commencer une
« opération, elle se saisit immédiatement de la presque totalité des
« fonds nécessaires à son exécution ; qu'elle en voit ainsi la marche
« régulière assurée au moyen des payements effectués sous ses yeux
« qu'à défaut par le concessionnaire de pouvoir terminer les travaux
« commencés, *par suite d'un événement quelconque*, elle est aussi-
« tôt en mesure de reprendre les droits concédés et d'achever
« elle-même l'opération, sans chômage possible, avec les fonds
« *déposés et spécialement affectés à cet usage*, ce qui devient pour

Garantie
de la Ville.

---

[1] Là se trouvait la principale difficulté d'exécution. Comment la Ville eût-
elle pu donner sa garantie à une quantité de délégations surpassant la valeur
de la somme versée par le concessionnaire ? Nous nous réservons d'expliquer
comment on peut vaincre cette difficulté néanmoins très-réelle.

« la Ville la plus réelle et la plus excellente des garanties, car le
« nerf d'exécution est entre ses mains.

« De plus, l'administration municipale aurait encore l'immense
« avantage de voir que tous les capitalistes, qui reculent aujour-
« d'hui devant les entreprises de ce genre, dans la crainte d'immo-
« biliser leurs capitaux, ou de subir des chances aléatoires, vien-
« draient, au contraire, se faire concurrence, grâce à l'emploi d'un
« système qui les couvre complétement et leur met immédiatement
« dans la main la contre-partie des sommes par eux avancées. Pour
« les capitalistes, en un mot, ce ne serait plus qu'une affaire de
« banque.

« Quant au concessionnaire, sa position deviendra désormais plus
« simple et plus favorable, puisqu'il aura les plus grandes facilités
« pour s'associer les capitaux et qu'il pourra diriger ses opé-
« rations avec calme et sans préoccupation, tous les fonds
« étant réunis et *déposés* d'avance dans la Caisse des travaux
« de la Ville. Sa position s'améliorerait, en outre, chaque jour
« au fur et à mesure de la revente des terrains de bordure dispo-
« nibles sur les voies nouvelles concédées et qui sont sa pro-
« priété.

« Toutes ces considérations sont également au grand avantage
« de l'administration.

« Par ce système, la Ville n'a plus à se préoccuper de la garantie,
« ni de la solvabilité du concessionnaire ; il suffit qu'il soit honorable
« et capable ; il ne s'appelle pas M. de Rothschild ou Pereire, il s'ap-
« pelle *M. Cent millions comptant* et n'a pas besoin d'aïeux en
« finance ! On n'aura pas à discuter avec lui sur le versement d'un
« cautionnement souvent difficile à trouver et toujours mal vu par
« les capitalistes, cautionnement presque toujours insuffisant comme
« garantie sérieuse.

« A quoi bon un cautionnement, puisque le versement est de
« 90,000,000 de francs ?

« Ces différents points de l'exécution matérielle étant parfaitement
« reconnus comme d'une utilité, d'un intérêt et d'un avantage
« incontestables pour tous, examinons si la critique d'un pareil sys-
« tème est possible à tout autre point de vue.

« Dira-t-on que la Ville facilite trop le concessionnaire, en lui

« livrant les mandats de payement par anticipation ? Non, puisqu'il
« en dépose la représentation en espèces.— Est-ce que cela change
« les époques de payement de la Ville ? — Est-ce que cela coûte
« plus ? Au contraire, il y a économie; nous l'avons prouvé.

« Est-ce que tout concessionnaire n'a pas le droit de transférer à
« un tiers le prix de son forfait avec la Ville, ce droit est écrit dans
« son traité ? S'il en use, il fait signifier ce transport de créance au
« Préfet. Dans ce cas, est-ce que le délégataire n'est pas nanti de
« cette créance contre la Ville ? Ce sont des frais et des lenteurs de
« plus, voilà tout. Mais frais et lenteurs sont d'un grand préjudice
« pour le concessionnaire qui ne peut réussir à atteindre son but
« qu'autant qu'il marche vite.

« Il n'y a donc de différence que dans les mots : signification ou
« acceptation, mais le résultat est le même. Dans l'un le Préfet se
« laisse signifier un transfert auquel il ne peut se soustraire, dans
« l'autre il accepte pour éviter des frais à son concessionnaire. Rien
« n'est modifié dans le traité signé. Les échéances sont fixées irrévo-
« cablement dans les deux cas.

Protection légitime due au concessionnaire.

« Et d'ailleurs, est-ce que le concessionnaire qui apporte une
« économie ne mérite pas la bienveillance et les encouragements de
« l'administration municipale ? — Pour arriver à obtenir cette con-
« cession, ne lui a-t-il pas fallu dépenser son temps et son argent
« en frais et études d'estimations préalables, de courses, de voyages,
« de réunion de capitaux, etc. ?

« Les primes dues aux capitalistes, c'est lui qui les prend à sa
« charge, sans coopération aucune de la part de la Ville. Il prend
« ses mandats au pair. — La ville de Paris lui doit 100 millions,
« elle les lui paye en mandats dont lui, concessionnaire, donne
« quittance intégrale et sans perte pour elle. Il est donc permis dès
« lors à l'administration municipale d'autoriser le concessionnaire à
« escompter une part des bénéfices qu'elle a dû entendre équitable-
« ment lui allouer pour qu'il puisse commencer par payer les frais
« énormes d'escompte et autres qui lui sont imposés, particulière-
« ment dès le début de l'opération.

« Sans le concessionnaire, qui consent à courir les chances aléa-
« toires, trouverait-on un gros banquier qui voulût s'exposer aux
« aléas d'expropriation dépendant du caprice d'un jury? — Non.

« — Nous pouvons citer des exemples de ce refus péremptoire. —
« Le banquier veut gagner de l'argent, mais à coup sûr et sans
« risques aucuns. — Il a peur de tout, ou prétexte avoir peur de
« tout. — Il n'est personne qui prononce plus souvent que lui le
« mot *révolution !* — C'est une tactique, peut-être, qui cache des
« appétits exagérés de lucre, c'est peut-être un mot d'ordre, mais il
« est toujours jeune et paralyse tout.

« Le concessionnaire est donc le lien indispensable entre le capital
« et la ville, il prend la responsabilité que le banquier rejette ; il
« dispense l'administration de recourir au capitaliste qui se fait trop
« valoir et veut, par ses exigences, trop peser sur elle, parce qu'il a
« cru jusqu'à ce jour qu'il avait le monopole des concessions, et que
« personne ne pourrait les aborder sans lui.

« Il est bon de s'affranchir de ce joug en vulgarisant les conces-
« sions, comme on a vulgarisé les emprunts d'État, et c'est avec
« une entière confiance, Monsieur le Préfet, que nous vous sou-
« mettons nos vues, bien persuadé que leur adoption serait d'une
« heureuse influence sur les destinées du pays.

« Paris, 10 décembre 1862. »

V

Résumé.

Ainsi qu'il est aisé de le voir, la combinaison était simple, d'une exécution facile et d'un immense intérêt.

Il n'était plus question d'arrêter ou de suspendre les travaux, de laisser deux cent mille ouvriers sans ouvrage et de briser l'existence d'une multitude de petits marchands et de petits industriels, qui à leur tour en font vivre tant de gros.

L'administration municipale se trouvant en mesure de faire exécuter successivement toutes les démolitions qui doivent renouveler entièrement l'aspect de la capitale en l'assainissant et en l'embellissant, sans qu'on soit pour cela dans la nécessité d'engager l'avenir et d'embarrasser le présent par d'onéreux emprunts, une nouvelle ère de prospérité allait s'ouvrir pour Paris.

On pouvait de sang-froid envisager les conséquences de cet immense mouvement qui fait converger tous les produits et tous les voyageurs de l'Europe vers ce grand centre auquel viennent se relier tous les chemins de fer et qui sert de point de mire à tous les navires des ports transatlantiques.

Paris agrandi, assaini, embelli, transformé, pouvait sans inconvénients devenir l'entrepôt général des nations.

Pour lui donner cette puissance et cette valeur, il nous avait suffi de comprendre et de faire comprendre que l'administration municipale, au lieu de s'épuiser à chercher elle-même les fonds nécessaires à l'acquisition des terrains et des immeubles qui les couvrent ainsi qu'au payement des indemnités locatives, devait se borner à choisir et subventionner un entrepreneur honorable qu'elle étayerait de son propre crédit et qui se chargerait personnellement de réunir à ses risques et périls toutes les sommes indispensables à l'ouverture des boulevards, rues ou places projetés en vue de la grande et complète régénération de la voierie parisienne.

De la sorte, en effet, le trésor municipal recevant du concessionnaire, à titre de dépôt et de garantie, le montant des dépenses prévues, l'exécution des travaux était assurée.

En autorisant le concessionnaire à tirer sur la Ville des traites à valoir sur sa subvention, et qui ne seraient acquittées avec l'argent de son dépôt, qu'après visa, et au fur et à mesure de l'exécution partielle des travaux, on lui fournissait le moyen de se procurer ce capital même, par l'escompte de ces mandats donnés en banque par délégation.

Et, enfin, en choisissant elle-même les termes du payement de la subvention accordée, l'administration se donnait la faculté de payer cette subvention par annuités, c'est-à-dire par fractions d'une importance proportionnée à celle de ses propres revenus.

Si, par exemple, elle pouvait compter sur un revenu annuel de 150 millions, elle pourrait en garder 125 pour couvrir ses dépenses courantes de l'année, et en consacrer 25 chaque année, pendant quatre ans, à rembourser son concessionnaire.

C'était faire un très-sage et très-simple aménagement de son revenu.

Certain de la justesse et de la solidité de notre conception, plein de confiance en la grandeur et en l'infaillibilité des résultats qu'elle promettait, nous voulûmes prendre nous-même l'initiative de sa mise en pratique, en réclamant l'honneur d'être le premier concessionnaire qui se chargerait d'ouvrir l'une des grandes voies projetées, en appliquant le système que nous présentions à M. le Préfet de la Seine.

Nous pensions que notre modeste position d'ancien notaire, que notre peu de fortune serviraient d'autant mieux à faire ressortir la puissance de notre combinaison financière, et que notre propre succès deviendrait, pour ainsi dire, le gage de la réussite d'une multitude d'hommes de renom et d'habileté qui nous suivraient, et dont l'exemple agirait puissamment sur les capitaux pour les déterminer à seconder un mouvement si avantageux pour eux et tout à la fois si patriotique.

Nous étions loin, alors, de supposer que notre idée, bien nouvelle, du moins pour celui qui, le premier, devait nous aider à la réaliser l'enrichirait seul : mais c'est là que commence le chapitre de nos tribulations. C'est une histoire assez instructive, pour que nous essayons de la raconter.

Qu'on nous permette, d'abord, une petite digression que nous suggère la phrase précédente.

Oui, ce mouvement des capitaux, se réunissant pour assurer la transformation de Paris, est un mouvement patriotique ; et patriotique est l'idée qui a déterminé ce mouvement, puisque cette idée et ce mouvement permettent d'assurer l'existence d'une imposante quantité de prolétaires et de citoyens de tous rangs, qui trouvent et trouveront leur bien-être dans la continuation de travaux destinés à faire de Paris le centre des affaires européennes et la véritable capitale du monde civilisé.

Le véritable patriotisme exige, selon nous, qu'on travaille au bien du pays, plutôt que de s'évertuer à susciter des entraves à ce que la ville de Paris fait dans l'intérêt de ses finances et des travailleurs.

Soyons vigilants, soyons attentifs, surveillons les actes du Gouvernement, alors même qu'il serait de notre choix. Mais, souvenons-nous de notre devise : tout par le peuple et tout pour le peuple.

Matérielle ou morale, toute conquête accomplie pour le peuple servira à accroître la puissance et la grandeur du peuple ; elle lui viendra en aide pour le mettre en état de jouir plus prochainement et plus complétement de son bien-être et de sa liberté.

Faisons donc en sorte que tout serve d'aliment au progrès national, et nul n'aura le droit de nous accuser d'avoir manqué de patriotisme.

VI

Compagnie du boulevard Magenta.

Après avoir élaboré le projet qu'on a lu plus haut, il nous fallait aviser au moyen de le présenter à M. le Préfet, pour en tirer parti, notre intention étant de faire l'application du système sur l'une des grandes artères alors projetée : — le boulevard Magenta.

Un riche propriétaire de Paris, qu'on disait habile estimateur et qui avait aidé à faire exécuter la percée du boulevard de Strasbourg, se joignit à nous et fit les études techniques. M. de La Rochejaquelein ayant obtenu l'adhésion de M. le Préfet, nous présenta un clerc de notaire qui lui inspirait confiance et qui, selon son expression, devait être simplement notre représentant et le titulaire *apparent* de la concession.

Mais, quand il fallut traiter avec un capitaliste pour trouver les fonds à déposer dans les caisses de la Ville, le rôle du titulaire changea tout à coup d'importance.

La Société générale de crédit pour favoriser l'industrie ne voulut recevoir les Bons de délégation que moyennant un écart ou commission de 2 1/4 0/0, malgré l'endos de l'administration qui répondait de 5 0/0, ce qui faisait 7.25 0/0. Un très-riche entrepreneur de travaux publics devint commanditaire et ne voulut traiter qu'avec le concessionnaire choisi par nous. Ce dernier alors devint le maître absolu de l'affaire, dans laquelle l'auteur du projet lui-même ne fut plus qu'un des trois sous-associés du titulaire. A ces conditions, le commanditaire ayant versé 1,880,000 francs entre les mains du directeur de la Société Générale, celle-ci versa à son tour, au crédit du concessionnaire, et dans la Caisse municipale, vingt millions, espèces montant de l'estimation des travaux à accomplir ; ce qui lui donnait droit à une subvention de pareille somme, pour laquelle il tira sur la Ville quatre mille traites de 5,000 francs chaque, dont les échéances étaient échelonnées par annuités, pendant une période de huit années. Ces traites, furent cédées à la Société Générale, en échange de ses fonds, et négociées immédiatement par elle à 6 0/0. Elle a donc bénéficié de 1 franc 25 p. 0/0.

Ce fut alors que le concessionnaire fit comme Sixte V, jeta ses béquilles et se déclara le maître d'une affaire qu'il n'avait point créée, et qui était notre œuvre personnelle.

Les travaux commencés furent assez vivement poussés d'abord, puis, comme au bout de deux années on voyait approcher le terme du délai accordé par le Préfet pour leur achèvement, — le commanditaire voulant rentrer dans ses avances qui dépassaient deux millions, intérêts compris à 6 0/0 levés par semestre, le concessionnaire placé là par nous, parla du danger d'une liquidation anticipée. — Il n'y avait pas à hésiter.

Nous acceptâmes tous trois un payement à forfait et nous sortîmes enfin d'une association bâtarde très-fructueuse pour ces deux hommes qui ne s'étaient connus que grâce à nous. L'un, le commanditaire fut décoré (pas pour cela probablement), l'autre après avoir reçu 125,000 francs d'appointements en deux ans comme gérant de l'entreprise, devint, de simple clerc, un riche propriétaire dont on n'estime pas la fortune à moins de 500,000 francs.

Quant à nous, sans avoir été complétement frustré, nous restâmes Gros-Jean comme devant, sans que le public se doutât même que l'application de ce système des *Bons de délégation* fût notre œuvre. SIC VOS NON VOBIS. Et cependant, c'est grâce à ce système que l'administration put continuer la grande entreprise de la régénération de Paris, puisque sans lui, non-seulement elle n'aurait pu continuer l'œuvre de l'assainissement et de l'embellissement de la capitale, mais qu'elle eût été hors d'état d'achever même les travaux commencés sans écraser le présent et grever l'avenir par des emprunts onéreux devenus de plus en plus impossibles.

Déjà, en effet, le Corps-Législatif montrait la plus grande répugnance à suivre M. le Préfet dans cette voie tout au moins dangereuse des emprunts à primes attrayantes et à longs termes.

Les graves difficultés qu'on lui suscita, lors de la discussion de la loi du 12 juillet 1865, qui autorisa le dernier emprunt de 300 millions, durent lui prouver que cette ressource était épuisée et que l'ère des emprunts étant close, la seule voie qui lui fût ouverte, pour conserver l'espoir d'achever son œuvre, se trouvait dans l'application du système des Bons de délégation.

Le simple examen des faits accomplis démontre en effet, de la manière la plus évidente, l'immense supériorité de ce système sur celui des emprunts.

VII

Pertes subies par la Ville sur les emprunts.

C'est par des emprunts, mais en grevant son budget d'une énorme dette, dont les effets se feront sentir jusqu'en 1923, c'est-à-dire, pendant plus d'un demi-siècle, que la Ville aura pu faire exécuter pour plus de cinq cents millions de travaux !

En admettant toutefois que le dernier emprunt de 300 millions suffise à solder tous les travaux commencés ce qui est de notre part une pure hypothèse, car on ne possède absolument aucune donnée certaine à cet égard...

Tandis que l'on a toute certitude au sujet des travaux entrepris selon notre système de *Bons de délégation,* puisque *dépôt préalable* est fait par le concessionnaire, du montant total de l'estimation de ces travaux et que l'administration conserve en outre la haute main sur une garantie extrêmement importante, la propriété des terrains de bordure, propriété dont le concessionnaire ne peut disposer sans avoir accompli les obligations qui lui sont imposées par le cahier des charges.

Nous le répétons donc : toute entreprise entamée sous le régime des *Bons de délégation* offre une garantie complète.

Eh bien ! tandis que le système des emprunts n'a permis d'entreprendre que pour 528 millions de travaux depuis douze ans...

Le système des *Bons de délégation* qui ne date que de 1865, et n'a pu marcher, pendant ces deux années, que concurremment avec celui des emprunts, a permis de concéder pour plus de 300 millions de travaux.

Ces chiffres sont d'une haute éloquence, en cela, surtout, qu'ils démontrent avec quel empressement le monde financier s'est hâté de juger le système et de profiter des avantages qu'il procure.

Pendant douze ans, de 1852 à 1864, la Ville n'a pu décider qu'une seule compagnie à la suivre dans ses entreprises de percement de rues et de boulevards.

L'administration municipale, réduite en quelque sorte à l'isolement, se voit contrainte et forcée de se lancer dans la voie des emprunts. Elle est même obligée d'émettre ses obligations à 10 p. 0/0 de perte, d'en assurer le remboursement avec prime, et d'entourer ses opérations de tout l'attrait séducteur d'un gain problématique, que décidera le tirage au sort : — elle a recours à tous les moyens pour attirer à elle l'argent dont elle a besoin pour continuer son œuvre de régénération du vieux Paris. Ajoutons que M. Fould n'a pas voulu croire à la puissance des revenus municipaux ni à l'accroissement annuel du budget de la Ville ; cette timidité dégénérant en tracasseries a imposé au Préfet de la Seine l'emprunt insuffisant de 1865.

En 1864, le conseil d'État approuve notre système de *Bons de délégation.* — Il est appliqué à l'ouverture du boulevard de Magenta et l'effet produit est tel, qu'il se présente aussitôt dix compagnies de capitalistes qui déposent des centaines de millions dans la caisse de la Ville pour prendre part à la continuation de ces travaux jusque là dédaignés !

C'est d'après ce système qu'ont été si rapidement concédées les voies ci-après :

    — Boulevard Magenta.........................
    — Rue Turbigo.............................
    — Rue Monge.............................
    — Rue de Maubeuge........................
    — Boulevard Haussmann, en partie...........
    — Rue Olivier............................
    — Rue Lafayette (de la rue Laffitte à l'Opéra)....
    — Boulevard Mouffetard ....
    — Boulevard Arago........................

— Rue de Rennes..........................
— Boulevard Port-Royal.....................
— Boulevard Saint-Marcel..................
— Boulevard Saint-Germain................
— Boulevard d'Essling.....................
— Boulevard du Prince-Jérôme, etc...........

Quand on considère, d'une part, que presque tous ces travaux ont été accomplis en moins de trois ans, tandis que ceux entrepris directement par la ville ont demandé un temps au moins double, et que, d'autre part, ils ont déterminé ce mouvement considérable de capitaux que la Ville eût été impuissante à faire sortir des caisses particulières où ils se cachaient...

On est forcé de reconnaître la puissance et l'efficacité du système. — On rend involontairement hommage à sa supériorité sur celui des emprunts.

Mais, que dire, en présence des résultats économiques :

Pour exécuter pour 528 millions de travaux, la Ville non-seulement s'est endettée de pareille somme, mais encore elle a été obligée de se résigner à subir une perte sèche, de plus de deux cents millions de francs. — Tel est le résultat financier du système des emprunts ; et pour qu'on ne puisse le contester, nous avons dressé le tableau synoptique suivant, qui ne laissera pas subsister le moindre doute dans les esprits.

75,000,000ᶠ **Emprunt du 2 mai 1855.**

Cet emprunt fut de 75 millions, réduit à une somme de 60 millions, divisée en 150 mille obligations de 500 francs.

Ces obligations ont été émises à 400 francs, soit 20 0/0 au-dessous du pair.

La Ville a donc reçu 15 millions en moins. Elle rembourse les obligations à 500 francs, ce qui représente 75 millions.

La recette en moins est donc de.... 15,000,000ᶠ   »

A ces 150,000 obligations, sont attachées des primes de 150 mille francs par semestre, pour quatre-vingt-cinq tirages au sort, ou 300,000 francs par an, pendant quarante-deux ans et demi, ce qui constitue un débours par la ville de.................................   »   12,750,000ᶠ

75,000,000ᶠ	*A reporter*.......... 15,000,000ᶠ	12,750,000ᶠ

75,000,000ᶠ   *Report*............ 15,000,000ᶠ   12,750,000·

Nous avons fait le compte des intérêts composés de ces deux sommes, dans un tableau spécial.

Mais il faut tenir compte à la Ville des différences d'intérêt : elle ne paye que 3 0/0 au lieu de 5 0/0, soit une économie de 10 francs par obligation de 500 francs, qui ne paye que 15 francs au lieu de 25 francs.

Nous en tenons compte plus loin.

57,303,450ᶠ   **Emprunt du 3 février 1857.**

L'emprunt de 57,303,450 francs est divisé en 254,682 obligations de 225 francs.

Elles ont été émises à 205 francs, par la maison de banque Calley de Saint-Paul, mais à un intérêt de 9 francs.

Il y a une économie de 125 francs par obligation. Nous en établissons le compte plus bas.

La perte est de 20 francs par obligation, près de 10 0/0, soit............. 5,093,640ᶠ   »

Il est attribué à ces 254,682 obligations une prime, par voie de tirage au sort annuel, de 125,000 francs pendant trente ans, soit...................... »   3,750,000ᶠ

143,809,000ᶠ   **Emprunt du 1ᵉʳ août 1860.**

L'emprunt fut de 143,809,000 francs, divisé en 287,618 obligations de 500 fr.

Émises à 450 francs, avec un boni de 25 francs pour les souscripteurs.

La souscription n'a absorbé que 164,833 obligations, le public n'ayant pas jugé la remise suffisante.

La perte a été, sur les 164,833 obligations, de 4,120,825 francs.. 4,120,825ᶠ

Afin de faire souscrire la 2ᵉ émission des 122,785 obligations restantes, elles ont été émises par le Crédit Mobilier à 450 francs, soit 50 francs au-dessous du pair, ce qui constitue une

201,112,450ᶠ   *A reporter*.......... 30,353,715ᶠ   16,000,000ᶠ

201,112,450^f   *Report*.......... 30,353,715^f   16,000,000^f

recette en moins ou une
perte de................... 6,139,250^f

Ensemble.......... 10,260,075^f   10,260,075^f   »

A ces 267,618 obligations est affectée,
par tirage au sort, une prime de
150,000 francs par semestre, pendant
soixante-quatorze tirages, soit 300,000
francs par an, pendant trente-sept ans,
perte ....   »^f   11,100,000^f

276,112,450^f   Totaux.......... 30,353,715^f   27,600,000^f
57,352,715

         Perte totale.   57,352,715^f

218,759,735^f

Cette perte est à déduire du montant des emprunts.

Maintenant, il faut défalquer les intérêts épargnés sur l'emprunt du 2 mai 1855.

La Ville paye un intérêt de 15 francs par an aux 150,000 obligations de 500 francs, soit 2,250,000 francs sur les 75 millions au lieu de 3,750,000 francs à 5 0/0, il y a une économie de 1,500,000 francs par an.

Mais, comme l'amortissement est fait en quarante-deux ans et demi, la moyenne à prendre est d'environ vingt-cinq ans, attendu qu'il en est plus amorti dans les dernières années que dans les premières.

En prenant cette moyenne de vingt-cinq ans à 1,500,000 francs par an, nous avons une différence d'intérêts économisés de.................. 37,750,000^f

Au lieu de payer à 5 0/0 les intérêts sur 75 millions, ce qui représente .... 93,750,000^f

La Ville n'aura à payer que................... 56,750,000

Différence égale.......... 37,750,000^f

Les intérêts économisés sur l'emprunt du 3 février 1857 sont de 1 fr. 25 c. par obligation ; il y a 254,682 obligations de 225 francs. Elles sont émises à 205 francs, l'intérêt est de 9 francs par obligation de 225 francs.

L'économie est bien de 1 fr. 25 c. à 5 0/0.

En prenant une moyenne de dix-huit ans, cette économie, qui est de 318,553 francs par an, sera de.......................... 5,734,954

Total.................... 43,484,954^f

Il faut déduire cette somme économisée sur les intérêts à payer par la Ville, de celle portée aux pertes sur le capital non reçu, et qui se monte à.. 57,352,715^f

A déduire................... 43,484,954

Reste un déficit de.......... .... 13,867,761^f

A reporter...................... 30,353,715^f

Report.................... 30,353,715^f

Mais, si nous tenons compte de ces différences d'intérêts économisés par la Ville, il est juste de porter à son compte de perte les intérêts des sommes qu'elle n'a pas reçues lors des émissions qu'elle a faites de ces obligations.

Les sommes non reçues sur ces emprunts s'élèvent à.......... 30,353,715^f

Il faut donc ajouter les intérêts à 5 0/0 de cette somme pendant la moyenne du laps de temps stipulé pour les remboursements des obligations.

L'amortissement a lieu en plusieurs périodes qui varient de trente à quarante-deux ans et demi.

Nous prenons une moyenne de trente-cinq ans pour être au-dessous de ce que nous croyons exact.

L'intérêt à 5 p. 0/0 de cette somme de 30,353,715 francs, pendant trente-cinq ans, est de................................. 53,118,975

En y ajoutant les pertes par les tirages au sort, qui sont de.. 27,600,000

On trouve un total de pertes de 111,072,690 francs........ ci 111,072,690^f

En retranchant de cette somme 43,484,954 francs d'intérêts épargnés comme il est dit plus haut......................... 43,484,954

On trouve encore un déficit de.......................... 67,587,736^f

Emprunt de 1865.

La Ville, autorisée par la loi du 12 juillet 1865 à emprunter une somme nette de 250 millions, a cependant émis 600,000 obligations de 500 francs, ce qui représente 300 millions; mais elle les a donné à 450 francs, ce qui représente 270 millions au lieu de 250 millions, chiffre net qu'elle ne devait pas dépasser.

Il y a donc une différence de 20 millions, empruntés en dehors des termes de la loi.

Laissons cet incident et ne nous en occupons pas.

Les 600,000 obligations émises à 450 francs ont donné une perte sèche de.. 30,000,000^f » c

auxquels il faut ajouter les intérêts à 4 0/0 pendant une moyenne de trente ans, puisque le remboursement se fait par tirages au sort pendant soixante ans.................... 36,000,000 »

La Ville a donné au Crédit Mobilier, qui a traité avec elle de la prise des bons laissés sans souscription, une commission de (ainsi qu'il résulte du compte rendu de la Société du Crédit Mobilier)..................................... 2,544,064 38

Admettons que les autres frais s'élèvent à.............. 455,935 62

Nous aurons un total de.............................. 69,000,000^f 00 c

Il faut ajouter à cette perte de 69 millions, les lots qui sont de 285,000 francs par trimestre ou 1,140,000 francs par an, ce qui représente, pendant soixante années, un chiffre de... 68,400,000 »

Et les intérêts de ces 1,140,000 francs par an, hâtons-nous de les porter pour mémoire et ne les chiffrons pas, car nous ferions prononcer l'anathème contre les emprunts.

Nous avons cependant un total perdu de............... 137,400,000ᶠ 00ᶜ
c'est-à-dire plus de moitié de ce qu'a produit l'emprunt.

Ajoutez-y le capital reçu............................. 267,000,000 »

Vous aurez un total de.............................. 404,400,000ᶠ »ᶜ
Si .l'on ajoutait les intérêts à 4 p. 0/0 de cette somme, pendant trente ans, vous auriez un total de 330 millions....... 330,000,000 »

Et, enfin, un résultat général de 734 millions............ 734,000,000ᶠ »ᶜ

Faisons le compte de l'économie que la Ville a faite en ne payant aux obliga-
taires que 4 p. 0/0 au lieu de 5 p. 0/0. La différence est de 1 franc par obligation ; la Ville, en donnant un intérêt de 5 p. 0/0 aux obligations eut payé
par an 15 millions.

En payant 4 p, 0/0 elle ne donne que 12 millions par an, ce qui constitue
une économie de 3,000,0000 fr. par an.

C'est avec cette économie de 2 millions qu'elle doit parer aux pertes
qu'elle subit : 1º par la prime de 10 p. 0/0 donnée aux obligations de
500 francs encaissées à 450 francs, c'est-à-dire 30,000,000 francs ; 2º par es
lots de 1,140,000 qu'elle alloue annuellement pendant 60 ans aux obligations
qui sortent heureusement lors des tirages, c'est-à-dire 68,400,000 francs ; 3º et
par les intérêts à 4 p. 0/0, c'est-à-dire 36,000,000 francs. Ces trois millions
économisés pendant trente ans qui sont la moyenne des 60 lui produisent
90,000,000 francs avec lesquels elle doit payer les porteurs des obligations au
moment du remboursement. Pour le porteur de l'obligation c'est un accroissement de capital ; pour la Ville qui paye tous les ans un certain nombre de
primes. c'est une aggravation de l'annuité totale, soit un supplément d'intérêts.

Que l'on appelle supplément d'intérêt le chiffre de 137,000,000 la dénomina-
tion n'allège pas le fardeau.

Ce qui préoccupe les emprunteurs c'est de savoir à combien pour cent l'argent leur revient. Supposez deux emprunts égaux au chiffre remboursable à 5
p. 0/0, l'un en 50, l'autre en 100 ans ; les intérêts à payer dans le deuxième
cas seront doubles du premier, et pourtant le taux de 5 p. 0/0 est le même.

Pour l'emprunt de 1865 les 137 millions qui coûtent en sus des intérêts les
267,000,000 empruntés augmentent le taux de l'escompte seulement le 1 fr. 50
p. 0/0. En effet, si les 330 millions représentent à 4 p. 0/0 l'intérêt de
267 millions, et si l'on cherche quel est le taux de l'emprunt qui subit un
intérêt de 330,000,000 + 137, 000,000 on trouve 5.50 p. 0/0 de sorte qu'en
apparence l'emprunt s'est fait dans de bonnes conditions. Mais le déboursé
n'en est pas moins de 137,000,000.

Résumé général des quatre emprunts s'élevant à 528 millions :

Perte sur les trois premiers.................. 67,587,736ᶠ
Perte sur le quatrième...................... 137,400,000

Soit, en nombre rond.............. 205,000,000ᶠ

Comparaison et différence.

Nous voyons ce qu'a coûté l'emprunt de 1865. Il s'élève à 734 millions pour
267 millions reçus effectivement. Différence 467 millions.

Maintenant mettons en regard ce qu'eût coûté une concession de travaux

s'élevant à 267 millions, payables en dix annuités et portant intérêt à 5 0/0.
En voici le tableau :

	Capital.	Intérêts.	Totaux.
Remboursement de la 1re année.....	26,700,000	13,350,000	40,050,000
— de la 2e...........	26,700,000	12,015,000	38,715,000
— de la 3e...........	26,700,000	10,680,000	37,380,000
— de la 4e...........	26,700,000	9,345,000	36,045,000
— de la 5e...........	26,700,000	8,010,000	34,710,000
— de la 6e...........	26,700,000	6,675,000	33,375,000
— de la 7e...........	26,700,000	5,340,000	32,040,000
— de la 8e...........	26,700,000	4,005,000	30,705,000
— de la 9e...........	26,700,000	2,670,000	29,370,000
— de la 10e...........	26,700,000	1,335,000	28,035,000
Totaux............	267,000,000	73,425,000	340,425,000

Ce serait donc une moyenne de 34 millions que M. le préfet prélèverait annuellement sur le budget, qui est de 154 millions, c'est-à-dire environ le cinquième des recettes.

Remarquons cette différence :

L'emprunt de 267 millions, de 1865, coûtera.......... 734,000,000 fr.

La concession de 267 millions de travaux coûterait.... 340,000,000

L'économie serait donc de............. 394,000,000 fr.

c'est-à-dire de plus de 100 0/0.

Revenons en résumé, au boulevard Magenta, et faisons une comparaison qui rendra plus saisissante notre appréciation :

Comparaison Magenta.

Économie.

La subvention, d'après notre système, a été de 22,500,000 francs.

Ajoutons y les intérêts à 5 p. 0/0 pendant 4 ans, moyenne des 8 annuités à 1,125,000 par an, nous avons............................ 4,500,000ᶠ »

Total............... 27,000,000 »

Qu'a-t-elle compté de plus à la Ville? Rien.

Supposez que la Ville eut fait spécialement pour cette opération un emprunt public de 22,500,000, remboursable en 30 ans. Elle eut émis 45,000 obligations de 500 à 450 francs le déficit eut été de........................... 2,250,000 »

L'intérêt à 4 p. 0/0 pendant 25 ans (au lieu de 30) eût été de 800,000 sur le capital de 22,500,000, soit de.............. 12,000,000 »

Ajoutez y les tirages des lots qu'il faut compter comme pour les précédents emprunts, c'est-à-dire à environ 300,000 par an nous ne les portons qu'à 150,000 francs pendant 30 ans...... 4,500,000 »

Vous auriez un total de....................... 18,750,000 »

Ajoutez y le capital............................ 22,500,000 »

Vous chiffrerez la dépense totale à................... 41,250,000 »

Par le système des bons de délégation, qu'a été la dépense de la Ville.. 27,000,000 »

La différence, ou économie est de...................... 14,250,000 »

En présence de ces chiffres comment pourrait-on préférer le système des emprunts à celui des Bons de délégation. Les grands corps de l'État n'ont-ils pas raison d'hésiter à autoriser des emprunts.

Nous y insistons : que les opposants y réfléchissent. Nous nous en rapportons à la brutalité de ces chiffres. Nous appelons l'attention des économistes sur ces tableaux qui ont aussi leur éloquence.

Si **M.** le Préfet de la Seine demandait au Corps-Législatif une loi qui l'autorisât à employer ce mode financier des *Bons de délégation*, en prouvant l'économie énorme qu'il procure, nous avons la conviction que cette loi ne lui serait pas marchandée, et que les emprunts onéreux seraient à tout jamais délaissés. Doit-on penser que le vote du 12 avril affranchisse la ville du besoin de cette loi et que l'usage des Bons de délégation est approuvé irrévocablement pour l'avenir ? Nous le désirons dans l'intérêt du travail et de l'hygiène publique ; mais nous croyons que la question reviendra plus d'une fois devant le Corps-Législatif et que l'opposition ne se fera pas faute de battre en brèche les *Bons de délégation*.

En un mot , tandis que le moindre des inconvénients de l'exécution des grands travaux de la ville de Paris , par voie d'emprunts à longs termes est de faire subir au trésor municipal une perte sèche à peu près égale au tiers des sommes empruntées, — l'emploi du système des *Bons de délégation* ne lui occasionne pas un centime de perte.

Les obligations de 500 fr. de la Ville encombrent le marché.

De plus, on ne peut créer un emprunt sans donner naissance à des millions de titres négociables , très-solides , il est vrai , et par conséquent très-recherchés , mais dont l'apparition jette le trouble et le désarroi sur le marché financier — en suscitant la plus sérieuse concurrence aux fonds publics.

Dans notre système , au contraire , chaque concession , d'une valeur de vingt millions; ne donne lieu qu'à la création de 4,000 titres de 5,000 francs qui pourraient parfaitement rester en portefeuille, en raison du taux suffisant de l'intérêt qu'ils payent, d'ailleurs ils ne sont pas admis à la cote de la Bourse. — Ce sont aujourd'hui des coupures de 100,000 francs chaque pour les nouvelles concessions.

Ces titres s'éteignent à époques fixes et assez rapprochées, et ne sauraient, par conséquent, être d'un sérieux embarras sur le marché public. — Disons mieux : ils ne devraient jamais y paraître, — car les grandes compagnies financières, qui se disent si gouvernementales, auraient dû se garder de faire cette mauvaise guerre à l'État dont elles tiennent leur privilége, et à la Ville dont elles n'ont aucun intérêt à ravaler le crédit.

IX

La question devant le Corps-Législatif.

Il est triste et fâcheux de voir des compagnies privilégiées pousser la spéculation jusqu'à exiger un écart de 2 1/4 p. 0/0 pour admettre les *Bons de délégation* à l'escompte — car elles n'ignorent pas, qu'en acceptant ces bons, elles échangent leurs écus contre le papier le meilleur et le plus solide du monde entier, et elles risquent de faire échouer l'opération en témoignant moins de confiance à ces titres, garantis par la Ville, qu'au simple billet de commerce à trois signatures.

La combinaison était d'une constitution assez robuste pour pouvoir supporter même cette injure : et elle en triompha ; mais, nous apprîmes, une fois de plus, que ce n'est pas en France qu'il faut demander du patriotisme au capital.

Quand on voit des compagnies privilégiées agir ainsi, quoique la plupart de leurs administrateurs, eux-mêmes, figurent dans les conseils du gouvernement, peut-on s'étonner d'entendre les députés s'efforcer à leur tour de dénaturer l'essence même du *Bon de délégation* en flétrissant le système du nom d'emprunt déguisé et illégal. — Peut-être ont-ils pensé que cet intérêt de 2.25 0/0 retombait sur la Ville, — ce serait une erreur ; cette charge pèse uniquement sur le concessionnaire.

Il eût peut-être convenu aux adversaires du système des *Bons de délégation*, de placer l'administration municipale dans la nécessité de renoncer à l'emploi de ce système, le seul, répétons-le, qui puisse permettre d'achever les grands travaux de Paris avec autant de rapidité que *d'économie* et de sécurité.

Mais, était-ce là une entreprise véritablement patriotique ? Pour répondre à cette question, il suffit de se demander qui aurait le plus souffert de la suppression des travaux.

Une pareille mesure, conséquence inévitable des propositions avancées et soutenues devant le Corps-Législatif, eût été funeste pour tout le monde : pour l'État et pour la Ville, pour les administrateurs et pour les administrés. Mais ce qui eût été atteint, tout d'abord, c'est cette masse de trois cent mille âmes, ouvriers, industriels, petits marchands qui ne vivent que du mouvement des capitaux déplacés par cette gigantesque opération des grands travaux de Paris !

Avait-t-on bien réfléchi à tout cela, quand on a eu l'idée d'entreprendre cette croisade contre le *Bon de délégation* ?

Non, sans doute : et si quelque chose nous a plus surpris encore, que cette tentative elle-même, c'est l'insuffisance de l'argumentation des orateurs du gouvernement chargés de repousser l'attaque.

Ils se sont bornés à dire que le système des Bons de délégation n'avait point le caractère des emprunts, et qu'il s'en distinguait surtout, en ce que, n'engageant pas l'avenir, il devait être considéré comme un sage aménagement de revenus, et qu'en interprétant avec sagacité les lois de 1818 et de 1837, on ne pouvait voir là qu'un acte de simple administration ; et le vote de la chambre leur a donné raison.

Mais cela ne peut suffire : la question n'est pas définitivement jugée et les adversaires des *Bons de délégation* peuvent revenir à la charge demain, car les défenseurs du système n'ont pas posé de conclusions rigoureuses, inattaquables ; et l'on ne sait pas si l'administration municipale est suffisamment autorisée par leur victoire à continuer à se servir des *Bons de délégation*.

Il fallait faire légaliser le système : faire constater officiellement que là était le salut.

Pourquoi n'avoir pas, en effet, demandé séance tenante que la situation de M. le Préfet de la Seine fût une fois pour toute régularisée sur ce point ?

Ne pouvait-on résoudre à fond la difficulté et éviter tout malentendu à venir ?

Rien n'empêchait cependant de faire ressortir combien il importe de se soustraire aux inconvénients et aux dangers des emprunts à long terme.

On aurait pu énumérer et préciser les avantages inhérents au système des *Bons de délégation*.

On aurait pu facilement prouver que ses adversaires eux-mêmes — mis au pouvoir — s'empresseraient d'adopter le système qu'ils combattent.

On aurait pu leur porter le défi de sortir des embarras de la situation sans le secours de ces mêmes *Bons de délégation*.

Une loi à demander.

Et, s'appuyant autant sur leur utilité, que sur les nécessités qui en recommandent l'emploi, on aurait pu faire voter par la Chambre une loi qui eût autorisé l'administration municipale à s'en servir *dans une mesure déterminée*.

On aurait pu décider, par exemple, que M. le Préfet serait en droit de donner la garantie de la Ville à un concessionnaire qui émettrait des Bons de délégation pour une valeur égale au chiffre de sa subvention, pourvu que l'ensemble des bons émis et garantis ne dépassât pas, par exemple, le quart des revenus de la Ville et fût complétement remboursé en dix ans.

Malgré les inconvénients d'une nouvelle discussion sur un objet qui paraît avoir été décidé par le vote du 12 avril, cette loi, qui n'eût eu rien d'excessif, aurait coupé court à toutes les velléités de récrimination, elle eut apuré la situation en consacrant d'une manière définitive le droit qu'ont les municipalités d'appliquer leurs revenus pour la satisfaction de leurs plus précieux intérêts, l'assainissement, l'embellissement des cités et surtout l'existence de leur population travailleuse ; car il est hors de doute que le mouvement c'est la vie et que, là où les capitaux s'agitent et se déplacent, l'aisance et le bien-être se répandent en proportion du mouvement imprimé par le déplacement même des capitaux. La Banque de France et les grosses caisses regorgent de capitaux qui dorment, c'est la mort du commerce ; la circulation incessante par les grands travaux, c'est la vie. Les milliards employés aux chemins de fer, aux travaux des villes de Paris, Lyon et Marseille, n'est-ce pas de la vie ? n'est-ce pas de la démocratie ? Les travailleurs n'en ont-ils pas pris les cinq sixièmes : qui le terrassier, qui le tailleur de pierre, le maçon, l'ouvrier des forges et des ateliers du matériel roulant, qui l'ouvrier pour les traverses en bois, le carrier, le charpentier, le menuisier, le tuilier, l'ardoisier, le plombier, le zingueur, le gazier, le tapissier, le marchand de meubles, l'ébéniste, l'architecte et tous ces employés nombreux comme une armée en temps de guerre.

Il n'y a pas jusqu'à la propriété elle-même, la chose la plus stable de sa nature, qui ne prenne une large part à ce mouvement d'argent que détermine la transformation des cités.

Depuis quatorze ans, par suite des démolitions accomplies par les marteaux municipaux, la propriété a fait élever, tous les ans, en France, pour plus d'un milliard de francs de constructions sur les terrains déblayés et livrés aux travailleurs.

Qui a profité de ces quatorze milliards de francs dépensés en construction ? — c'est tout le monde ; car il n'y a peut-être pas à Paris et dans nos grandes villes, un seul individu qui ne s'en soit ressenti plus ou moins.

Eh bien, quand il est avéré que le système des *Bons de délégation* peut seul permettre de continuer ce mouvement régénérateur, non-seulement à Paris, mais à *Lyon*, à *Bordeaux*, à *Marseille*, à *Nantes*, à *Lille*, à *Strasbourg*, à *Rouen*, partout enfin, où la vie et le bien-être ont besoin d'être soutenus et développés ; quand il est reconnu que le *Bon de délégation* est la seule ancre sur laquelle il soit permis d'amarrer solidement l'œuvre des grands travaux des villes, nous regrettons une lacune dans le discours de M. Rouher. Lorsque ce système était mis en question au Corps-Législatif, le ministre aurait pu saisir l'occasion de venger le hardi fonctionnaire qui, le premier, sut en faire usage avec une énergie qui a fait de son nom un *verbe*, et qui eût usé vingt préfets. Il eut pu faire entrer définitivement ce système dans nos mœurs en le couvrant de l'égide de la loi ; c'eût été rendre au pays un immense service et attacher son nom à la plus utile des lois que puissent jamais voter ceux entre les mains de qui le peuple a remis ses destinées.

Espérons, toutefois, qu'il sera temps encore de revenir sur cette intéressante affaire. On sait maintenant que la question des grands travaux d'édilité est une question vitale. M. Haussmann a fait connaître l'immensité des ressources que présente l'emploi de ce ressort si simple : le Bon de délégation. — C'est aux hommes d'État qu'il appartient de faire en sorte qu'on ne puisse en paralyser l'action ; et nous estimons qu'ils y veilleront, car nous devons croire qu'ils prennent souci du bien-être et de la prospérité de ce grand peuple de France, qui ne demande qu'à vivre libre en travaillant.

Pourquoi pousser la Ville à sa ruine, nous dira-t-on ? Comment ! Quand nous voyons clairement dans ces grands travaux la *santé* de la population, la *vie* du commerce et la *fortune* de la Ville et des travailleurs; quand ces trois conditions vitales sont évidemment prouvées par une expérience de douze années, on voudrait que nous ne le disions pas, et que nous nous tussions.

Mais ce serait renier les principes qui nous ont toujours dominé ; des travaux, des travaux, des travaux quand même. C'est le moyen d'allonger les vestes sans rogner les habits.

Nous voudrions voir la Ville doubler ses grands travaux puisqu'il est prouvé mathématiquement qu'elle s'enrichit par ces mêmes dépenses, et qu'à ce point de vue seul on ne saurait trop en faire. L'opposition qui se produit contre les emprunts municipaux et ces dépenses ne vient que du bout des lèvres. Dans le fonds on y applaudit. — Nous le disons parceque nous avons entendu les pessimistes en faire l'aveu franchement.

Du reste, interrogez le peuple, chauvin ou non, tout le monde appelle l'heure de la destruction des quartiers infects, et leur remplacement par des squares, des arbres de cent ans que l'habile M. Alphand nous crée en un jour.

X

COROLLAIRE

Les fonds du concessionnaire en dépôt à la Banque de France.

Depuis trois ans que ce système des *Bons de délégation* a commencé à fonctionner, on a été à même d'en apprécier la puissance et de reconnaître les modifications dont il pouvait être susceptible.

Après avoir fait personnellement les estimations de six rues et boulevards que d'autres ont exécutés, nous en avons suivi l'application avec une sollicitude constante, et nous croyons remplir un devoir en signalant ici les perfectionnements que nous croyons utiles d'y introduire.

Si l'administration est persuadée que cette combinaison l'emporte sur toute autre, qu'elle est la seule à l'aide de laquelle on puisse poursuivre d'une manière régulière et continue le grand œuvre de la régénération de la voierie urbaine, partout où le besoin de cette mesure se fait sentir; — elle s'empressera sans doute d'en vulgariser l'usage, en accordant aux soumissionnaires de travaux toutes les facilités compatibles avec la prudence administrative et qui peuvent assurer l'indépendance des concessionnaires et les mettre en état d'observer rigoureusement les obligations que leur impose le cahier des charges. — Pour attirer à soi les entrepreneurs concessionnaires qui sont les seuls intermédiaires possibles entre l'administration municipale et les banquiers dont les fonds sont indispensables à l'exécution des travaux, à Paris surtout, le Préfet de la

Seine comprendra, qu'outre la garantie financière dont il appuie le *Bon de délégation*, il convient d'accorder au concessionnaire certains avantages, qui soient de nature à rendre moins étroite la dépendance dans laquelle il se trouve vis-à-vis du financier, dont le rôle consiste uniquement à faire un bon placement de son argent, en échangeant ses écus contre la signature de la Ville.

Dans la pratique, voilà ce qui a lieu :

Avant de faire choix de la maison de banque qui devra déposer ses espèces en son lieu et place dans la caisse de la municipalité, le concessionnaire doit d'abord rechercher le concours d'un capitaliste de deuxième ordre, qui consente à payer à cette maison de banque l'intérêt de l'argent échangé par elle contre les Bons, y compris le montant de la commission qu'elle exigera comme écart d'intérêt pour accepter lesdits bons.

Le commanditaire de la compagnie de Magenta dut préalablement payer à la Société Générale la somme de 1,880,000 francs de commission, en sus des 5 p. 0/0 d'intérêt que portaient les *Bons de délégation*.

De plus, et pour rémunération de son concours, il fallut concéder à ce commanditaire une participation réelle de 50 p. 0/0 dans les bénéfices éventuels à réaliser par la compagnie.

S'il n'eût accepté ces conditions, quelque dures qu'elles fussent, le concessionnaire eût dû renoncer à son entreprise, faute de pouvoir payer à la Société Générale le prix qu'il lui plaisait de mettre à son concours. Elle prêtait à 7 1/4 p. 0/0, sans y comprendre les intérêts de ces 1,880,000 francs payés d'avance, et dont elle a profité.

Compte des intérêts. — Eh bien, nous disons qu'il y a là, tout à la fois, excès de gain de la part du capital et charge écrasante pour le concessionnaire. — Et nous ajoutons : qu'il serait très-facile à l'administration municipale de prévenir l'abus et de soulager le concessionnaire, en l'affranchissant de la nécessité où il est de passer sous les fourches caudines de l'intermédiaire, pour arriver jusqu'au banquier bailleur de fonds.

Remise de tous les Bons. — Pour atteindre ce double résultat, il suffirait que la Ville fît remise elle-même au concessionnaire de la quantité de Bons nécessaire à solder la commission exigée par la Banque. Celle-ci ne refuserait pas de recevoir ces bons en payement, et le concessionnaire n'ayant plus à satisfaire la gourmandise d'un intermédiaire parasite, pourrait, à son tour, *faire profiter la Ville elle-même d'une portion* de la part de bénéfices qu'il est forcé d'abandonner à son co-traitant.

Si le commanditaire de Magenta n'eût pas eu à verser 1,880,000 francs, lui eût-on accordé 50 0/0 dans les bénéfices ? Évidemment, non.

Nous livrons à qui de droit l'examen de cette proposition, qui peut prendre telle ou telle forme de solution, mais qui recèle, à coup sûr, une pensée aussi saine, aussi juste qu'elle serait avantageuse, et contribuerait puissamment à faciliter l'exécution du contrat destiné à garantir la prompte et bonne exécution des travaux.

Une autre mesure qu'il serait très-désirable de voir adopter par la Ville, serait celle qui consisterait à exonérer le concessionnaire, de l'obligation où il est de verser un cautionnement.

On le sait de reste : cette mesure des cautionnements est le plus souvent illusoire : le chiffre des sommes à déposer se trouvant, la plupart du temps, tout à fait insignifiant et hors de toute proportion avec la gravité des risques réels que le cautionnement est censé couvrir.

Mais ici, puisque le concessionnaire verse par anticipation *la totalité des fonds* formant le montant de l'estimation des travaux, et que le prix des terrains de bordure est une seconde garantie dont la Ville est nantie, quelle nécessité voit-on à exiger un cautionnement ? — un cautionnement de quoi ? — il n'y a pas de risques à courir ! Au surplus le cautionnement se trouve amplement suppléé au moyen de la mesure que nous devons signaler au sujet de la quantité de bons de délégation, comme nous l'avons dit plus haut page 22, et comme nous le dirons page 60. La Ville est complétement en possession de la valeur des travaux dont elle peut prendre la direction en cas d'empêchement quelconque de la part du concessionnaire. — Le cautionnement n'ayant plus sa raison d'être, devient une superfétation.

C'est un obstacle, parfaitement inutile ; et il nous semble que l'entreprise est assez sérieuse, assez utile et même assez lourde pour le concessionnaire, pour qu'il soit du devoir de l'administration de le débarrasser de tout ce qui peut gêner ses allures, et le jeter en pâture aux appétits des capitalistes.

C'est donc au nom de l'intérêt commun que nous demandons LA SUPPRESSION DU CAUTIONNEMENT en faveur de tout concessionnaire employant le système des *Bons de délégation*.

Il est un troisième point sur lequel il nous semble très-important d'appeler la plus sérieuse attention de MM. les administrateurs municipaux :

C'est la détermination du périmètre même de la concession. — De cette détermination, en effet, dépend le chiffre de l'évaluation des terrains.

On veut, par exemple, ouvrir un boulevard de 600 mètres de longueur sur 30 mètres de largeur ; c'est un terrain d'une superficie totale de 18,000 mètres à déblayer.

Mais le pâté de maisons à démolir est percé de dix rues transversales, d'une largeur moyenne de 12 mètres, et qu'on devra laisser ouvertes.

Ces rues, traversant le périmètre concédé dans toute sa largeur, occupent une superficie totale de $12^m \times 30 \times 10$, soit de 3,600 mètres, sur lesquels il n'y aura aucuns travaux de démolition à exécuter.

L'administration croit faire une chose bonne et utile, en défalquant ces 3,600 mètres de la superficie générale de la concession, lorsqu'elle fait l'estimation vénale du périmètre concédé.

En principe, elle peut avoir raison ; mais un examen attentif de cette question, si simple en apparence, va nous prouver, qu'en agissant dans son droit, la Ville fait une chose parfaitement inutile d'abord, et que les circonstances rendent fort nuisible.

En effet : la concession étant estimée à une somme fixe de 21,600,000 francs, par exemple, il faudra diviser cette somme par le nombre de mètres carrés contenus dans le périmètre de la voie à construire. Or, plus ce nombre de mètres sera grand, moins sera fort le prix du mètre, et moins les expropriés seront autorisés à élever leurs prétentions en indemnisation.

Si, dans l'exemple que nous avons cité, la Ville concède la totalité du périmètre, sans défalcation de l'espace occupé par les rues

transversales, on aura 21,600,000 fr. à diviser par 24,600 mètres,
ce qui fait ressortir le prix du mètre superficiel à 1,000 francs.

Si, au contraire, la Ville défalque du périmètre la superficie totale
occupée par les rues transversales, les 21,600,000 francs n'étant
plus à diviser que par 18,000 mètres, le prix du mètre ressort à
1,333 fr. 33 c.

Les expropriés, prenant la fixation du prix de la Ville pour base de
leurs prétentions, se croiront en droit de réclamer du concessionnaire une indemnité de 1,000 francs ou de 1,333 francs par mètre,
selon que cette estimation aura porté, oui ou non, sur la totalité du périmètre concédé, — ce qui causerait un tort considérable au concessionnaire, et pourrait même, dans bien des cas, le décider à refuser
l'entreprise.

Pour la Ville, cependant, qu'on comprenne ou ne comprenne pas
la superficie des rues dans la détermination du périmètre, le résultat
est toujours le même ; puisque, dans un cas comme dans l'autre,
sa subvention de 21,600,000 fr. ne varie pas.

C'est là, exactement, ce qui s'est passé à l'occasion du boulevard
Magenta.

Le périmètre total de la concession contenait 24,000 mètres à
875 francs le mètre, l'estimation s'élevait à 21 millions.

Défalcation faite des rues transversales, le périmètre ne contenait
plus que 21,000 mètres qui furent estimés à 1,000 francs le mètre—
pour revenir au chiffre de 21 millions, la concession ayant été con-
sentie pour la somme déterminée de 21 millions.

Qu'est-ce que la Ville a gagné à cela ? absolument rien. — Le
concessionnaire, lui, y a perdu 125 francs par mètre, soit en tout, deux
millions six cent vingt-cinq mille francs qui eussent été économisés
si l'exproprié eût pensé que le prix du mètre payé par la Ville était
de 875 francs au lieu de 1,000 francs.

En s'abstenant de son inutile défalcation, la Ville aurait pu épar-
gner au concessionnaire toutes les peines qu'il dut prendre pour
défendre ses intérêts contre l'avidité des propriétaires, dont les
appétits sont surexcités de mille manières en toute occurrence d'expropriations forcées.

On a prétendu, il est vrai, que la Ville n'avait pas le droit de comprendre dans le périmètre de la concession la superficie de la partie

des rues transversales absorbée par la nouvelle voie; et la raison qu'on
donne de cette interdiction se trouve, dit-on, dans son incapacité à
vendre aliéner, ou céder une propriété publique. — Elle n'a pas
capacité pour se dessaisir, Elle est mineure !

Nous ne voyons ni la justesse ni la portée de cette objection.

Quand la Ville comprend dans une concession une portion de rue
qui doit être raccordée avec une nouvelle voie à ouvrir, — est-ce
qu'elle vend cette portion de rue ? — Est-ce que le concessionnaire
des travaux, après avoir dépavé, nivelé, repavé et raccordé
ces portions de rues, qui, désormais, feront partie intégrante
de la nouvelle voie, ne remet pas le tout ensemble en bon état
d'entretien entre les mains de l'administration ? — De quoi celle-ci
s'est-elle dessaisi ? — De la jouissance temporaire de ces bouts de
rue et pour cause de force majeure, par suite de réparations indispensables, oui : — mais de la propriété même de ces terrrains,
jamais. Elle nous les a confiés un instant, pour y exécuter des
travaux d'utilité qui ne lui ont pas coûté un centime et nous les lui
avons rendus en bon état de viabilité ; elle nous a payé notre
travail, il est vrai, mais c'est tout ; et nous ne voyons pas qu'il y
ait là une trace quelconque de vente, de dessaisissement, de mutation,
ou même d'amodiation.

L'argument nous paraît donc dénué de toute espèce de valeur, et
nous persistons à prétendre que, dans l'intérêt de l'opération même,
ce serait faire acte de bonne administration que de comprendre désormais, dans la détermination du périmètre des concessions de
travaux, la totalité de la superficie comprise dans ce périmètre, sans
défalcation aucune des terrains appartenant aux portions de rues
absorbées par les voies nouvelles en construction.

**Les fonds destinés à payer les travaux de la Ville seront
déposés à la Banque de France.**

Nous avons reconnu dans un précédent chapitre, que M. le ministre d'État avait établi devant le Corps-Législatif (séances des 10 et
11 avril 1867) que la création des *Bons de délégation*, loin de pou-

voir être considérée comme un emprunt déguisé, n'était, à proprement parler, qu'un *acte de sage administration, constituant un simple aménagement des revenus de la Ville*; puisque, par l'emploi de ce système, loin d'engager l'avenir, en contractant une dette nouvelle, l'administration prenait des termes à sa convenance pour acquitter, à courtes échéances, la totalité de la subvention qu'elle accordait au concessionnaire des travaux à exécuter.

La chambre, par son vote, a donné raison à M. Rouher, et par conséquent, à M. le Préfet de la Seine.

Cependant, comme à la suite de ce vote, il n'a été pris aucune mesure spéciale pour consacrer l'emploi légal du système des *Bons de délégation*, nous avons cru devoir reprocher au Ministre d'avoir négligé de prendre des conclusions, et nous avons fait voir que son argumentation resterait incomplète et servirait de point de départ à toutes les attaques de l'opposition, tant qu'elle n'aurait pas abouti à cette conséquence : de faire légitimer officiellement l'emploi des *Bons de délégation*, en en faisant l'objet d'une loi spéciale.

Mais, puisque la solution de cette grave question est restée quasi indécise, malgré le vote acquis, il nous sera sans doute permis de soumettre à M. le Préfet une idée qui, selon nous, serait de nature à lui rendre toute sa liberté d'action, en dissipant jusqu'à la dernière trace de la confusion qui s'est glissée dans les esprits et peut ramener les objections déjà faites.

Pour éviter que ces attaques puissent se renouveler à la première occasion, il faut que tout le monde se pénètre bien de la distinction qui est à faire, entre un *emprunt* et un *dépôt*.

C'est cette distinction que les adversaires du système n'ont pas su ou n'ont pas voulu faire.

Celui qui contracte un emprunt peut disposer librement de la somme empruntée.

Celui, au contraire, qui reçoit un dépôt n'en peut aucunement disposer.

Il doit tenir la somme déposée à la disposition constante du déposant, à moins que celui-ci n'ait remis au dépositaire lui-même le soin de faire application du dépôt à un usage exclusif et déterminé à l'avance.

Or, c'est ici le cas; et M. le Préfet de la Seine, tout en donnant la garantie de la Ville aux bons du concessionnaire, en vue de faciliter ses rapports avec les banques, n'en reste pas moins le gardien pur et simple du montant du dépôt fait par celui-ci ; dépôt qui a une origine et une destination spéciales : le payement des travaux à exécuter. — Les fonds déposés ne peuvent en aucune façon être détournés de cette destination. — Ces fonds n'ont donc aucun des caractères d'un capital libre. — Ils ne sont qu'un véritable dépôt à destination spéciale; et l'opération qui les amène dans la caisse municipale ne peut, sans injustice, être assimilée à un emprunt.

Nous regrettons que M. le Ministre d'État n'ait pas fait envisager la question sous ce point de vue, lors de la discussion du 11 avril 1867, son triomphe eût été sans doute plus complet et plus décisif.

Eh bien, M. le Préfet peut encore, s'il le veut, prendre dès aujourd'hui une mesure qui fera tomber toutes les incertitudes à cet égard, et réduira au silence les adversaires les plus déterminés du système des *Bons de délégation*.

Il n'a, pour cela, qu'à introduire dans le traité qu'il passe avec le concessionnaire la disposition suivante :

Le montant intégral du versement imposé au concessionnaire sera fait non à la caisse du trésor municipal, mais à la Banque de France, qui en restera dépositaire, et ne se dessaisira qu'au fur et à mesure de l'exécution des travaux et sur la présentation de certificats visés par l'administration municipale. Mais, dira-t-on : la Banque de France ne paye pas d'intérêts pour les dépôts qu'elle reçoit, la Ville non plus; mais cette dernière en fait produire un, au profit du déposant en plaçant ses fonds soit au Trésor, soit ailleurs. — Cela est vrai : mais, ce placement à si courte échéance produit un intérêt de très-peu de valeur, qui varie de 1 à 2 p. 0/0 l'an et ne saurait jamais compenser les avantages que le concessionnaire trouvera à entrer en relations avec la Banque de France.

Lorsqu'elle oblige le concessionnaire à verser au trésor municipal une somme égale au montant de la subvention qui lui est accordée, l'administration a en vue, non de se mettre elle-même en jouissance de cette somme, mais uniquement d'assurer le payement des terrains compris dans le périmètre de la concession et celui des indemnités justement dues aux propriétaires et locataires à exproprier.

En présence d'une pareille disposition, qui pourrait accuser la Ville d'avoir fait un emprunt !

L'argent déposé appartient au concessionnaire.

C'est le montant de l'évaluation des travaux qu'il entreprend, et le gage de leur exécution.

Ni M. le Préfet ni personne n'y peut toucher.

Il ne sortira des caisses de la Banque qu'au prorata des payements à faire.

Et, quant aux *Bons de délégation* émis par le concessionnaire, ils sont la REPRÉSENTATION DE LA SUBVENTION ACCORDÉE PAR LA VILLE.

Lorsque l'administration leur donne son endos, elle ne fait que payer avec sa signature ce qu'elle aura plus tard à payer en espèces.

Elle fait une excellente opération : car elle prend du temps à sa convenance, et selon les ressources de son budget, pour payer en détail ce qu'elle devrait payer en bloc.

Où donc est l'illégalité? où voit-on la trace d'un emprunt?

Disons-le donc : cette mesure que nous conseillons — le DÉPÔT A LA BANQUE DE FRANCE, par le concessionnaire, du montant de l'évaluation des travaux qu'il entreprend, caractérise la nature de l'opération, et met le système à l'abri de toute interprétation fâcheuse.

Ce dépôt procure en outre deux grands avantages :

Il débarrasse l'administration municipale de tous soucis, la délivre des frais de garde, de gestion et d'une comptabilité toujours onéreuse.

Il place enfin le concessionnaire dans d'excellentes conditions :

En devenant créancier de la Banque, il trouvera d'immenses facilités pour traiter avantageusement avec les banquiers dont il réclamera le concours. — Il n'aura plus à subir de leur part les exigences qui paralysent d'ordinaire les efforts de gens *sans surface*. — La Banque de France, elle-même, le protégera dans toutes ses négociations; car elle comprendra que faciliter de telles opérations, c'est attirer dans ses caisses des centaines de millions de francs !

La Ville n'a pas intérêt à recevoir les dépôts puisqu'elle ne peut les placer, ni en retirer bénéfice pour elle-même.

La Banque, au contraire, en retire un intérêt en les jetant dans le commerce. — Improductifs et inertes pour la Ville, ils donnent la vie à la Banque et à l'industrie.

Le concessionnaire a donc avantage à faire ses dépôts à la Banque, qui peut faire escompter les *Bons de délégation* par les grosses maisons qui ont des sommes importantes en comptes courants chez elle. Elle ferait ces opérations sans déplacement de fonds et au moyen de simples *virements*.

Il serait utile, même, que les *Bons de délégation* fussent, préalablement à l'expropriation, déposés à la Banque, au *crédit du concessionnaire* qui les escompterait au fur et à mesure des besoins de l'expropriation. Voici pourquoi : — Le concessionnaire pourrait payer une partie du prix des expropriations avec des bons sans être obligé de les escompter. — Souvent, l'exproprié au lieu de recevoir comptant et subitement, en espèces, le prix de son immeuble, préférera ne pas être surpris et embarrassé de l'emploi de son argent. Il peut aussi préférer toucher le prix en bons portant intérêt à 5 0/0 et ne pas s'exposer à garder peut-être longtemps ces fonds improductifs dans sa caisse.

C'est cette raison d'improductivité, de son prix de vente, qui fait que l'exproprié demande toujours que la Ville ou le concessionnaire ajoute au prix réel, un *boni*, ou supplément d'un *dixième*, que le jury ne lui refuse jamais, à titre de DIXIÈME DE REMPLOI.

Qui supporte cette perte ? — Le concessionnaire. Mais, si l'on offre à l'exproprié de le payer en *Bons de délégation* portant intérêt à 5 0/0, ce dernier sera-t-il bien accueilli par le jury, quand il demandera le *dixième de remploi ?* Non certes : sa prétention ne serait plus justifiable et n'aurait plus de raison d'être. Elle serait donc rejetée par le jury.

L'exproprié accepte-t-il le payement en *Bons de délégation,* c'est autant de moins à escompter : Refuse-t-il, le concessionnaire escompte ses bons et paye en espèces : mais dans un cas comme dans l'autre, l'exproprié n'a plus aucun droit à réclamer ce fatal *dixième de remploi* et le jury est autorisé à le refuser.

S'il en eût été ainsi pour Magenta, le concessionnaire eût économisé plus d'un million de francs sur l'escompte.

Comme conséquence, disons : qu'en facilitant au concessionnaire la réalisation d'une pareille économie, la Ville, à son tour, peut obtenir une réduction sur le prix de la subvention qu'elle lui accorde ; et ce serait justice.

En se plaçant à ces points de vue, on ne peut refuser d'admettre notre proposition, d'introduire dans le système des *Bons de délégation* l'obligation, pour le concessionnaire, de faire son versement, NON A LA CAISSE MUNICIPALE, mais à la BANQUE DE FRANCE.

C'est le meilleur moyen de rendre le système inattaquable et de fermer la bouche à tous les détracteurs.

Enfin, il nous reste à émettre un vœu qui trouvera sans doute un écho sympathique jusque parmi les membres du Conseil Municipal de la ville de Paris.

XI

Suppression des agences d'expropriation.

Nous voudrions voir disparaître les *Agences*, dites d'*expropriation*.

Les estimations erronées de l'administration d'un côté, et les prétentions exagérées des expropriés de l'autre, ont donné naissance à une sorte d'industrie interlope qui vit et prospère aux dépens de l'une et des autres.

Certains industriels, exploitant habilement les circonstances, sont venus s'interposer entre la Ville expropriant, et les propriétaires et locataires expropriés, et, s'ingérant, au nom de la liberté des transactions, dans des affaires qui ne les regardaient nullement, se sont hardiment posés comme protecteurs des expropriés contre ce qu'ils appelaient les prétentions arbitraires et tyranniques de l'administration municipale.

A les entendre, les édiles n'avaient aucun souci des intérêts de leurs administrés. On ne cherchait qu'à dépouiller propriétaires et locataires; et ils ne réussirent que trop souvent à peser sur les décisions du jury d'expropriation, de manière à léser gravement les intérêts du trésor municipal.

Si les offres de la Ville étaient toujours équitablement raisonnées, si les expropriés, dégagés de toutes surexcitations importunes, ne s'exagéraient à eux-mêmes l'importance de leurs droits et la valeur de leurs propriétés, on ne verrait certainement pas MM. les membres du jury dans la triste nécessité de céder à des exigences dont les conséquences retombent sur eux-mêmes et sur nous tous, puisqu'en fin de compte, c'est eux, ce sont les contribuables, c'est nous tous qui sommes victimes des pertes subies par le trésor municipal, puisque c'est de nos deniers qu'il se compose et qu'on dispose. En effet : toute allocation exagérée peut être considérée comme un impôt illégalement frappé sur le public.

Si l'autorité compétente ne prend pas une mesure, on ne trouve pas le moyen d'arrêter la progression effrayante des indemnités d'expropriation, des indemnités locatives surtout, c'en est fait du travail ; il faut renoncer à l'assainissement des grandes villes et congédier les ouvriers ; il faut les renvoyer dans leurs départements. — L'exagération des appétits va étouffer le travail : l'épicier, le boulanger, le pharmacien, le marchand de vin, qui ne vivent que par l'ouvrier, vont si bien faire, avec leurs demandes d'indemnités folles, que le départ de 300,000 ouvriers les ruinera. — Y ont-ils bien pensé ?

Tous les six mois, le prix des indemnités d'expropriation allouées par le jury, augmente de 20 p. 0/0. — Il est des décisions qui dépassent toute croyance et déroutent tous les calculs, toutes les estimations préalables.

Nous appelons donc l'attention du corps municipal sur ce BARRAGE des travaux d'assainissement dont la ville de Paris a encore un besoin si urgent — les allocations exagérées du jury d'expropriation vont faire obstacle à toute exécution de travaux.

Et, cependant, ce sont les membres de ce jury qui payent l'impôt : ils ne se doutent pas qu'en se montrant si imprévoyants ils tirent pour ainsi dire sur eux-mêmes. — S'ils subissent les obsessions des expropriés, ils ruinent la Ville, et lui font une guerre dont ils seront les premiers à payer les frais. — On croirait que, de la part du jury d'expropriation, il y a parti pris de se mettre en hostilité contre les seuls travaux dont l'exécution soit vraiment avantageuse à la Ville et profitable à la plus grande partie de la population !

Nous sommes bien loin, cependant, de nourrir une telle pensée ; mais, qui donc fera cesser un tel aveuglement ?

Eh bien, à force de méditer sur ce grave sujet, nous sommes arrivé à trouver et à formuler tout un système qui nous permet de pouvoir avancer qu'il serait facile de débarrasser la Ville des coûteux services que lui rendent les institutions parasites d'Agences d'expropriation.

La Ville, alors, cessant d'être considérée comme l'ennemi naturel de ses propres administrés, on ne verrait plus d'expropriés se présenter devant le jury, autrement que pour déclarer officiellement qu'il y a accord amiable entre l'administration et le propriétaire ou le locataire de l'immeuble exproprié.

Nous sommes prêt à fournir toute explication relative à la combinaison dont nous parlons.

CONCLUSION.

Ce travail a pour but :

1° De supprimer les emprunts qui deviennent inutiles et sont onéreux ;

2° De continuer les grands travaux de Paris au moyen des *Bons de délégation* ;

3° De faciliter l'entrepreneur par la remise de *tous* ces bons, afin qu'il puisse payer lui-même au capitaliste la commission exigée, sans être obligé de subir des intermédiaires ruineux ;

4° De comprendre les rues transversales dans le périmètre de la voie concédée ;

5° De hâter la liquidation d'une concession, par la remise de la voie aux ingénieurs de la Ville, aussitôt que les immeubles sont démolis et les terrains régalés, et en défalquant le prix de la construction de la voie du montant de la subvention ; par ce moyen, on éviterait une partie des droits proportionnels d'enregistrement que l'État perçoit injustement sur le traité de concession ; le point capital d'une concession consiste dans la construction de la voie par les soins de la Ville et à ses frais. Nous reviendrons sur ce point, et nous dirons une autre fois quels dangers court le concessionnaire, quand cette mesure n'est pas expressément stipulée dans son traité avec la Ville.

6° De traiter à l'amiable les indemnités immobilières, locatives et industrielles ;

7° De supprimer le cautionnement qui est remplacé par une garantie nouvelle, donnée à la Ville au moyen du fractionnement de la remise des bons de délégation. *En ne disposant que d'une partie de la subvention* le surplus ne devant être touché qu'après la réception de la voie.

8° Enfin, en imposant au concessionnaire l'obligation de verser ses fonds à la BANQUE DE FRANCE, nous avons cru rendre à l'opération son véritable caractère de DÉPÔT, mettre le système à l'abri de toutes attaques, et retirer à quiconque la possibilité de le confondre avec un emprunt illégal et déguisé.

On pensera que nous ne pouvions entrer dans de plus longs détails sur ce sujet; et toutes les personnes familiarisées avec ces questions nous comprendront et ajouteront *mentalement* ce que nous ne pouvons dire.

Paris, 1er mai 1867.

E. BARONNET.

CLICHY. —IMP. MAURICE LOIGNON ET Cie, RUE DU BAC-D'ASNIÈRES, 12.